人气点心的美味秘密

酥菠萝泡芙·蛋黄酥·凤梨酥·咸甜派

黄金比例馅料点心

完全公开！

吕升达 著

海峡出版发行集团 | 福建科学技术出版社
THE STRAITS PUBLISHING & DISTRIBUTING GROUP | FUJIAN SCIENCE & TECHNOLOGY PUBLISHING HOUSE

COOKING

走进馅料点心的世界

对我而言，内馅就像是所有面包和甜点最重要的灵魂，
因为有了这些内馅，才能够造就各种不同的美味与味蕾冲击。

点心馅料的意义是什么？

试想：如果美味的泡芙少了内馅，是不是就像一个人少了灵魂？

一个平凡无奇的塔派，因为有了内馅，就可以有成千上万种堆叠变化，
形成许多令我们激赏的甜点和朝思暮想的美味。

中式点心通过内馅的变换，出现了不同的品尝经验和烤焙内涵，
而这通常也是中点吸引中外人士挑剔味蕾的关键。

欢迎你一起走进馅料点心的世界。

LESCURE

作者序

书本是用来沟通作者与读者间想法的桥梁，而我写作食谱图书的理念，就是希望通过纸本食谱，让更多有需要的人，可以随时学习。

不知什么时候起，我有了想主动为学生提供所需要的信息的冲动。这本书就是以与读者互动的概念为出发点，为烘焙爱好者的需求而设计。

以每个人喜爱的面包、甜点来说，很多人与其说喜欢吃某种面包、点心，不如说是喜欢吃其中的馅料与风味。例如，深受大家喜爱的中式点心，有的已经发扬光大，成为流行于全球的伴手礼，其中经常可以看到包含浓郁乌豆沙馅、蛋黄馅、凤梨馅的各式小点。

我认为包馅点心的存在，是为了带给人们无限幸福的味觉享受，而不是硬梆梆的烘焙技术竞争。对我来说，美味与否才是首要考虑。

一本书编写下来，会花费许多时间，这其中除了传递我个人的理念以外，更包含着多年来支持我的读者与消费者给予我的许多灵感。

“以有馅料的点心为出发点”，这正是在我漫长的教学生涯中，了解到学生的需求，而衍生出来的题目。我也希望大家有一天都能通过这本书，爱上自己制作有馅料的美味点心。

本书涵盖了烘焙的不同领域和技术，贯通其中的就是以大量馅料创造出的美味点心。这里有我许多的烘焙经验与心法，还有通过教学过程，不断调整、改正的配方。期望本书能给每个人最大的幸福感与充实感。

目录 Contents

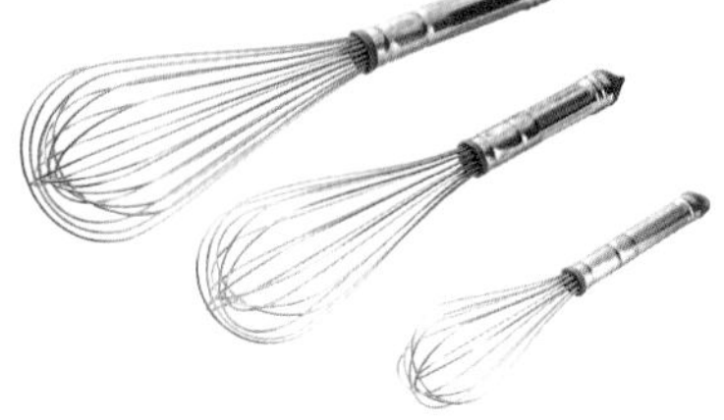

第2章

酥菠萝泡芙

Choux au Craquelin

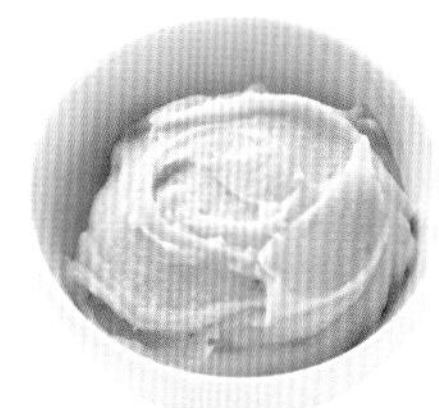

第3章

派

Quiche

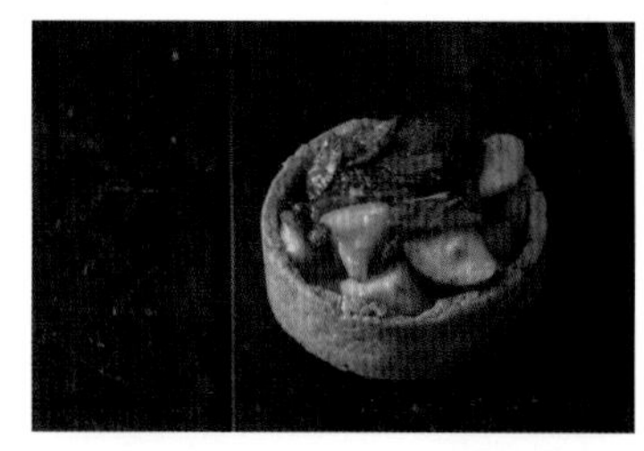

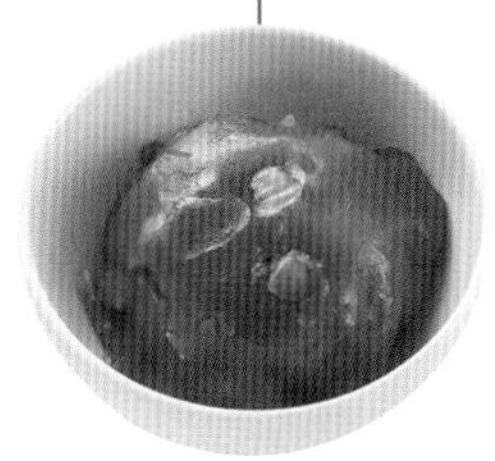

第 4 章
凤梨酥
pineapple shortcrust
pastry

第5章
蛋黄酥
yolk pastry

Panasonic
Cooking

第 1 章

工具与材料

Tools & Materials

基本的烘焙工具，
不外乎钢盆、擀面棍、
打蛋器、长刮刀。

所有工具与材料的选用，
一定要掌握卫生的原则，
才能享受美味又安全无虞。

擀面棍想要追求触感好，
可以选择木头材质的，
如果希望清洁方便，
则可以考虑塑胶擀面棍。
煮泡芙内馅时需要用到的搅拌匙，
可以用木头材质的，或用耐热刮刀……

烘焙工具

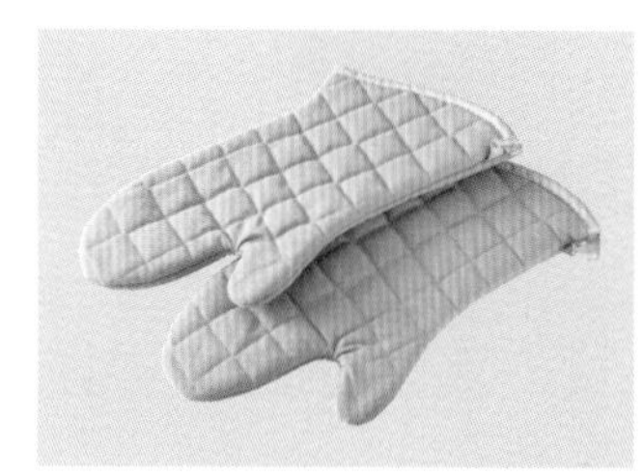

隔热手套

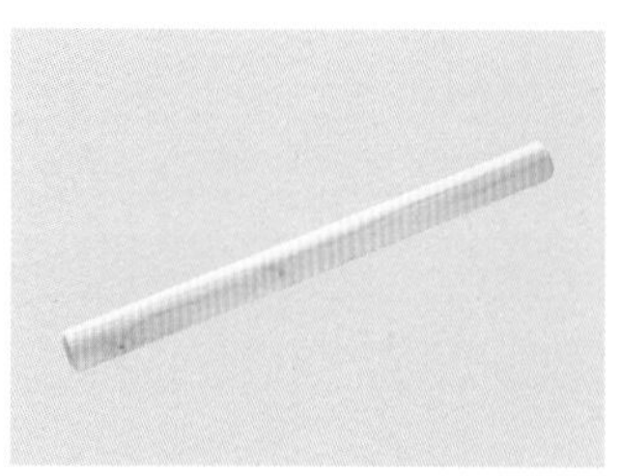

木制擀面棍

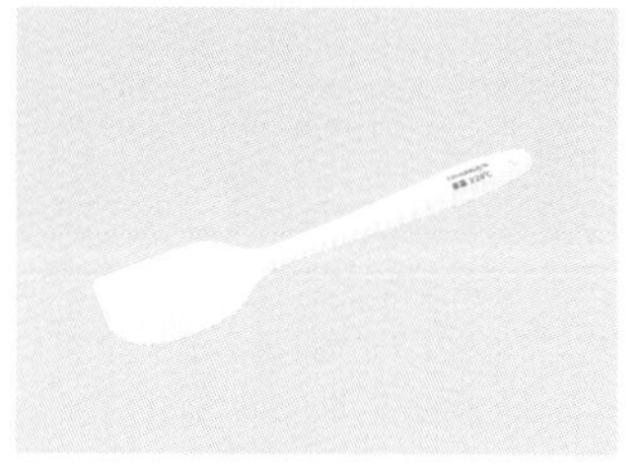

橡胶刮刀

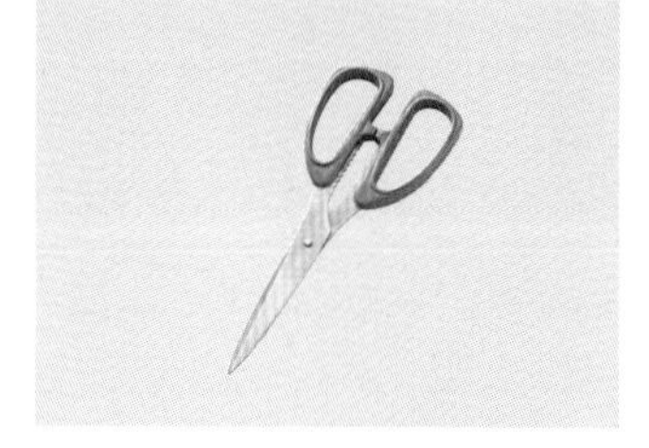

料理剪刀

面团切割刀

搅拌机

不锈钢搅拌盆

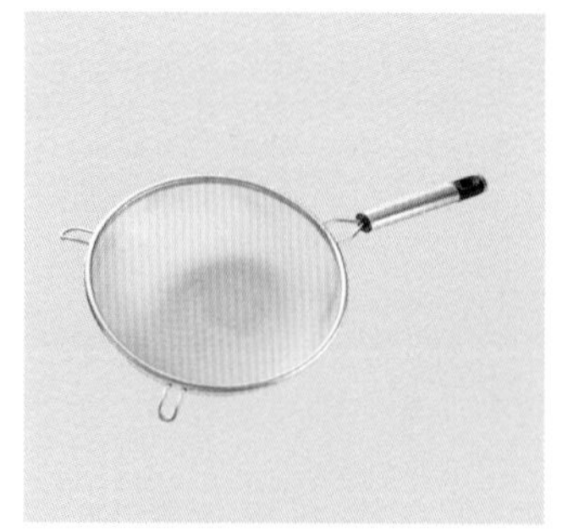

滤网（过筛用）

电子磅秤

量杯

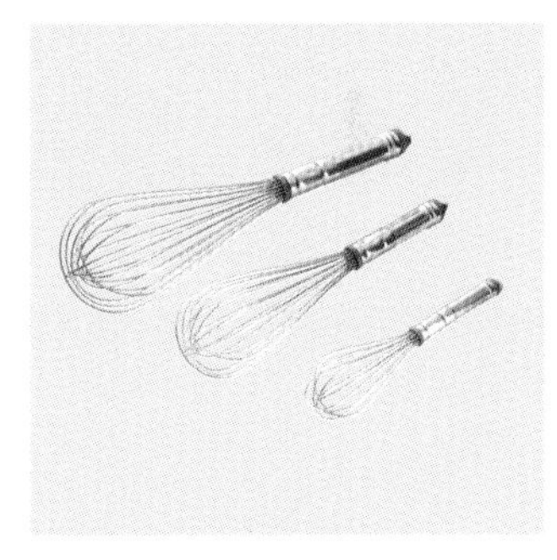

打蛋器

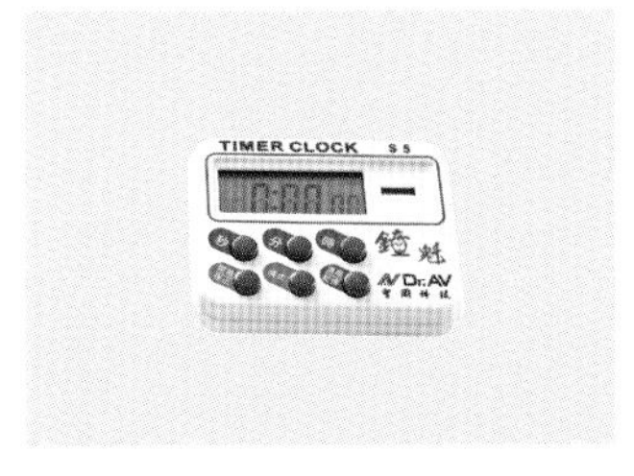

计时器

料理帆布

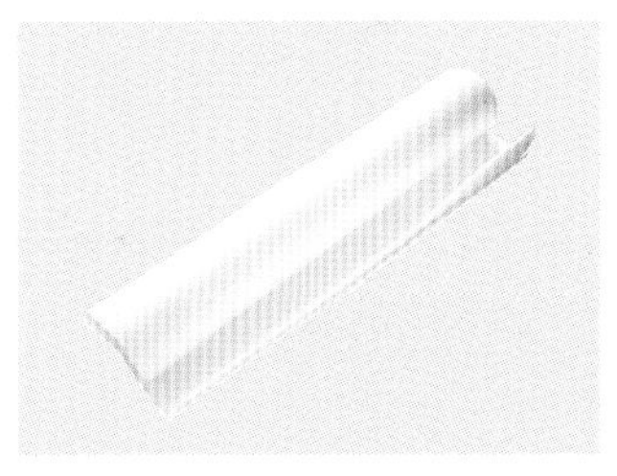

烘焙纸

挤花袋

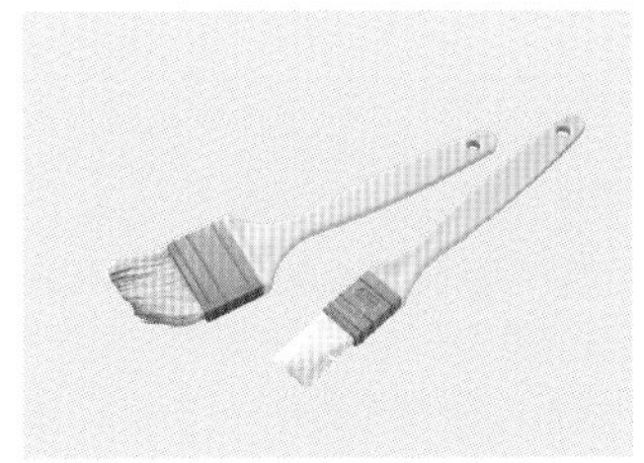

刷子

挤花嘴

量匙

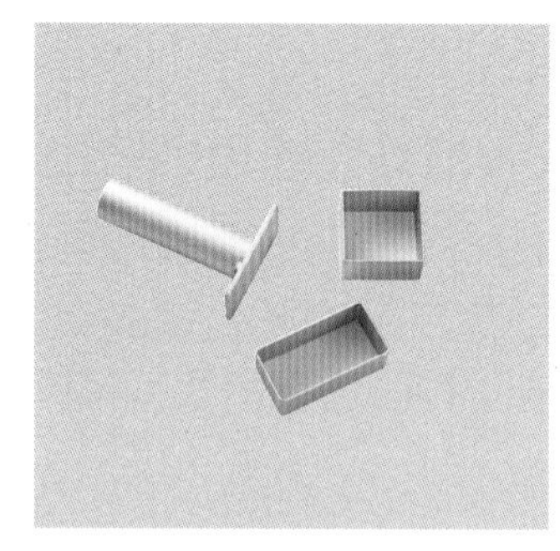

凤梨酥压模

塔派压模

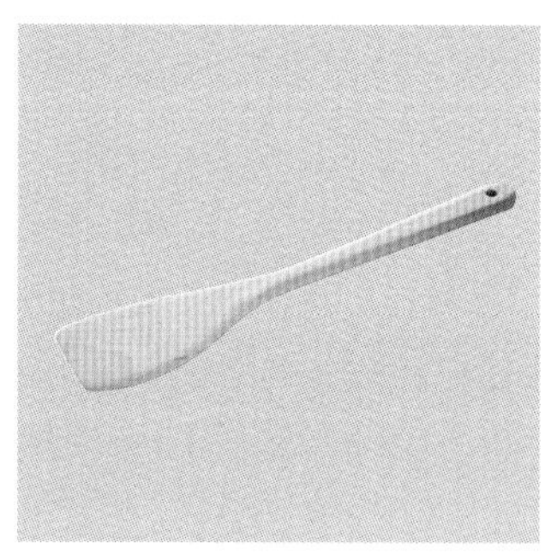

搅拌匙

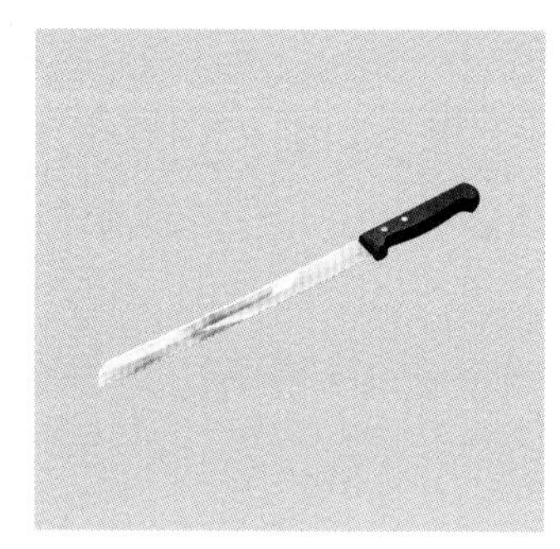

面包刀

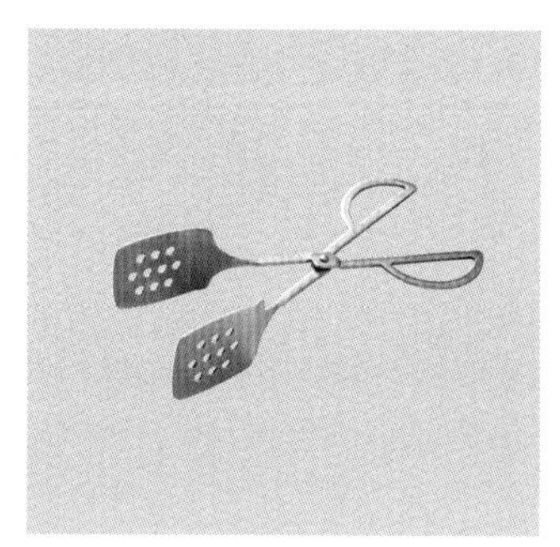

不锈钢食物夹

烘焙中的老化现象

老化现象（Staling）主要是指烘焙产品的质地和风味，因为水分流失和淀粉结构改变，进而发生变化的现象。主要有两大因素：

1. 水分流失，也就是变干。（物理变化）
2. 淀粉性质改变，也就是所谓的“回凝现象”，也称“淀粉衰退现象”。（化学变化）

为什么老化现象对面包的影响，会远远大过于蛋糕?

首先要了解面包的香味来源和蛋糕的香味来源是不同的。蛋糕、糕点的香气主要来自于鸡蛋、奶油、细砂糖等风味材料。面包最关键的香味是由发酵过程中产生的有机酸类、酒精等芬芳质所发出，有机酸类也就是我们在面包制作中常常提到的乳酸、醋酸等；次要风味则是由烤焙后的焦皮，因为梅纳反应而产生香味以及色泽，集中在表皮部分。面包长时间冷却、产生老化现象之后，香味和水分经由面包内部到表皮释放流失，面包便失去原有的风味。

老化现象在冷藏情况下会加速进行，相反地，在冷冻环境中，产品几乎可以完整保留鲜度。这也是为什么大型面包店和国际烘焙品牌格外重视超低温冷冻技术的原因。

基本材料

苦甜巧克力

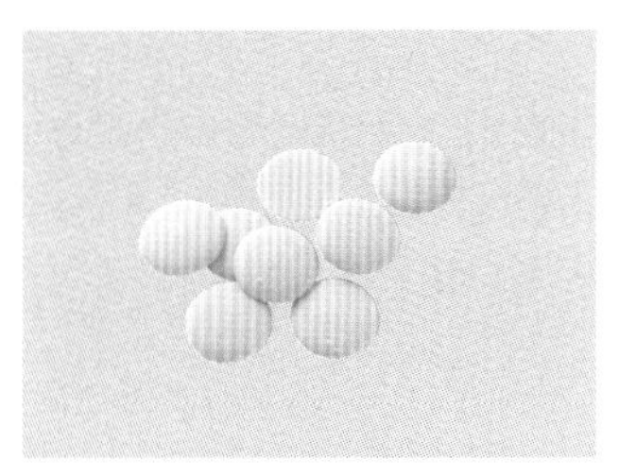

白巧克力

防潮糖粉

白胡椒

杏仁粉

朗姆酒

浓缩鲜奶*

果醋

酸奶油

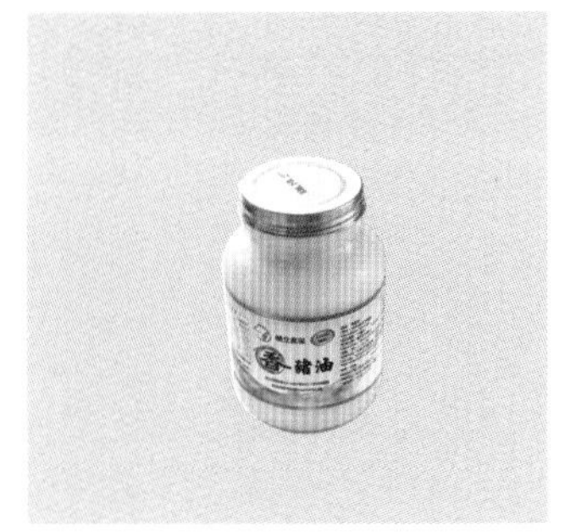

猪油

盐

*：本书原配方用到的浓缩鲜奶皆为“白美娜”牌，即上图所示，系德国产。读者朋友们如果没有这一款产品，也可以用其他品牌浓缩鲜奶，或普通鲜奶代替，制作一样可以成功，因为它们都是液体材料，只是风味略有不同。

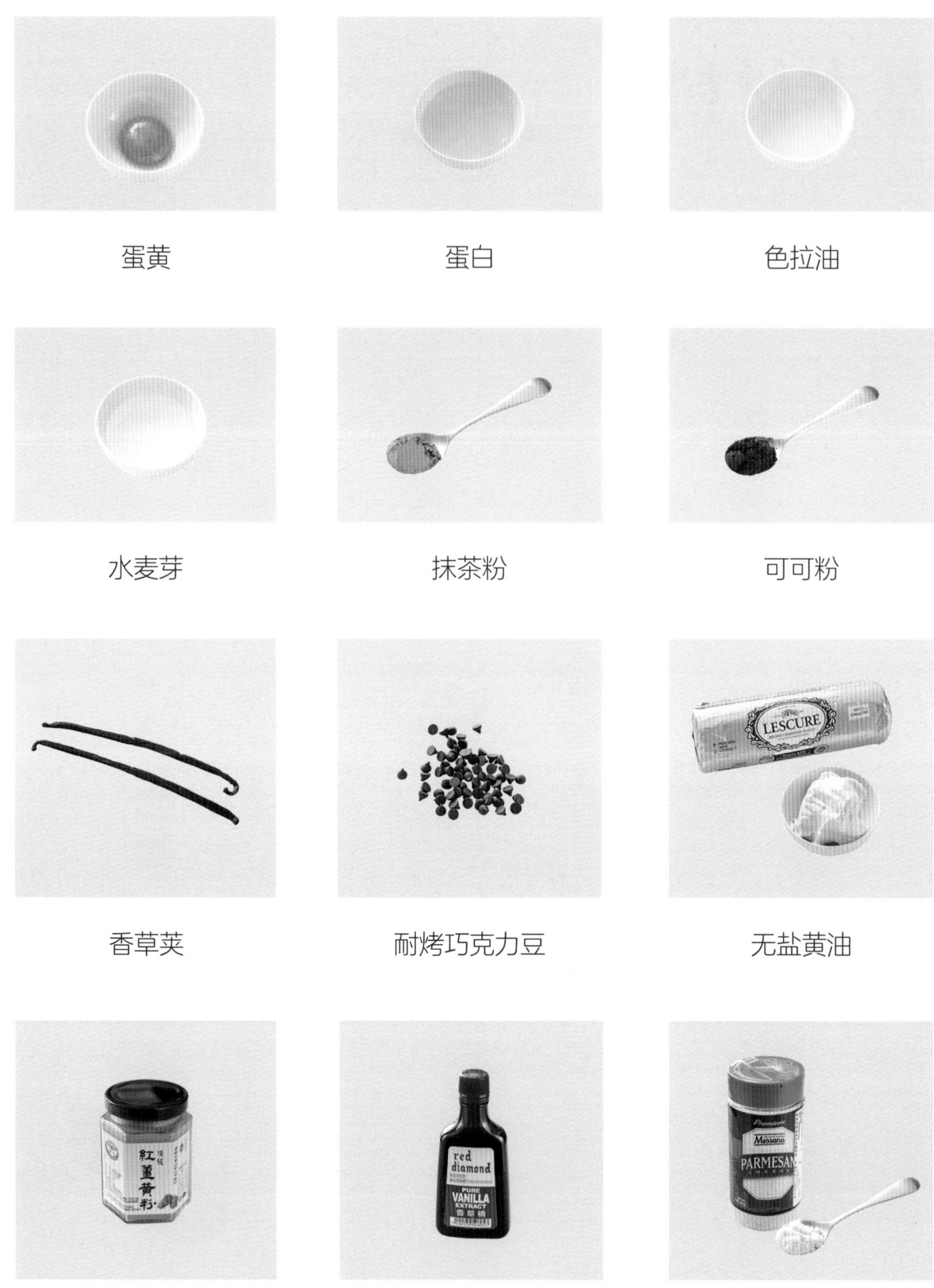

蛋黄　蛋白　色拉油

水麦芽　抹茶粉　可可粉

香草荚　耐烤巧克力豆　无盐黄油

姜黄粉　香草精　帕玛森芝士粉

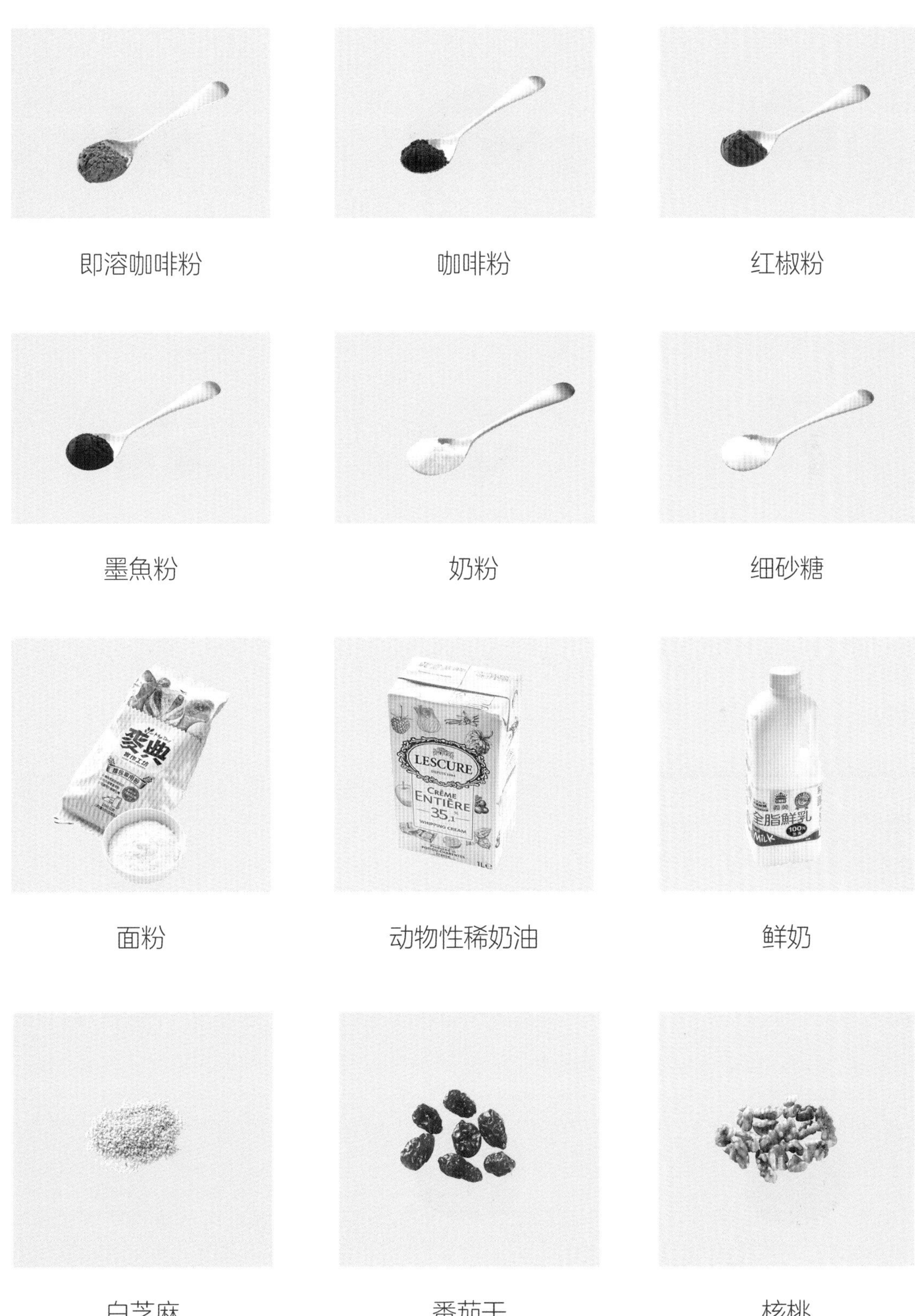

即溶咖啡粉　咖啡粉　红椒粉

墨魚粉　奶粉　细砂糖

面粉　动物性稀奶油　鲜奶

白芝麻　番茄干　核桃

蓝莓干

葡萄干

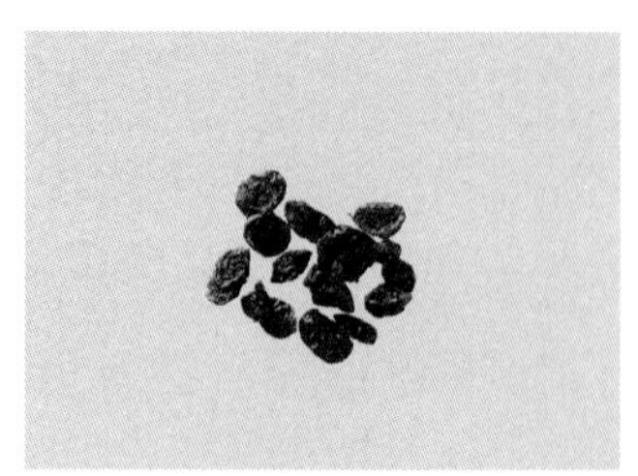

覆盆子干

榛果

红枣

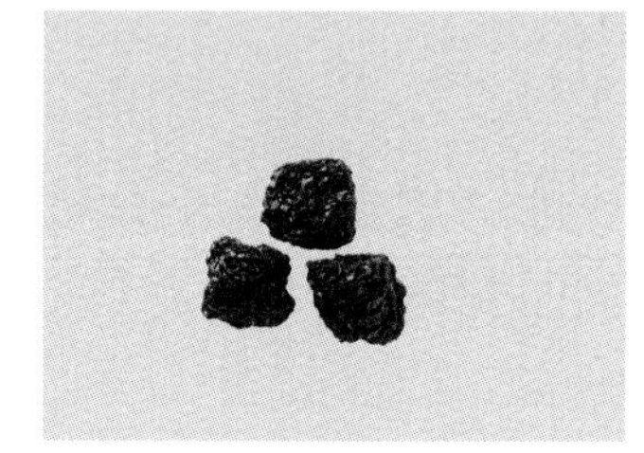

黑枣

基础内馅

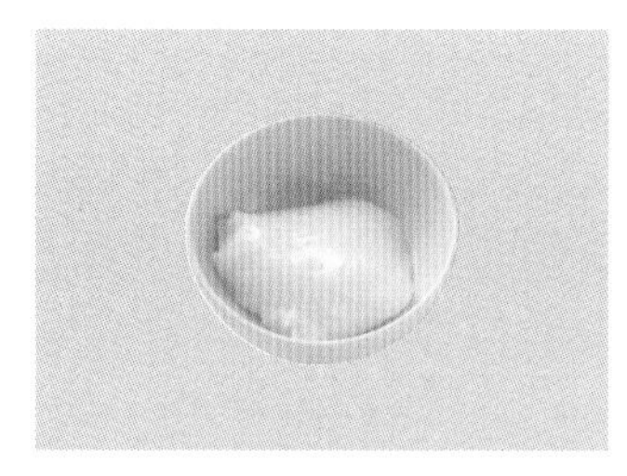

麻糬馅

芋头馅

芝麻馅

红豆粒馅

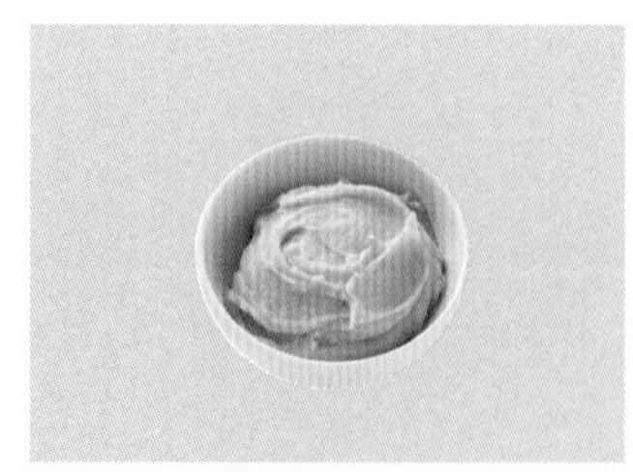

芋头泥馅

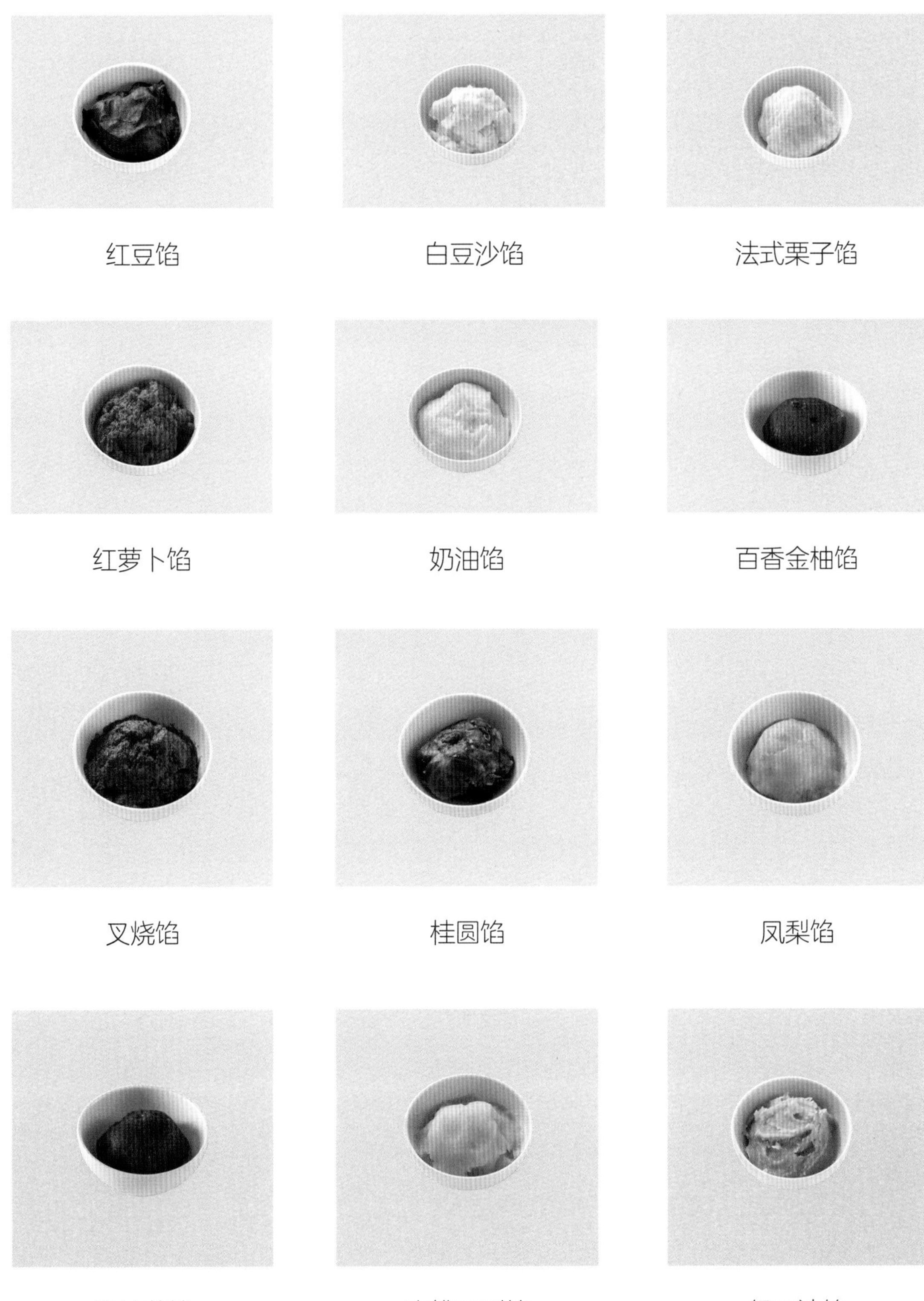

红豆馅　白豆沙馅　法式栗子馅

红萝卜馅　奶油馅　百香金柚馅

叉烧馅　桂圆馅　凤梨馅

洛神花馅　杏桃凤梨馅　绿豆沙馅

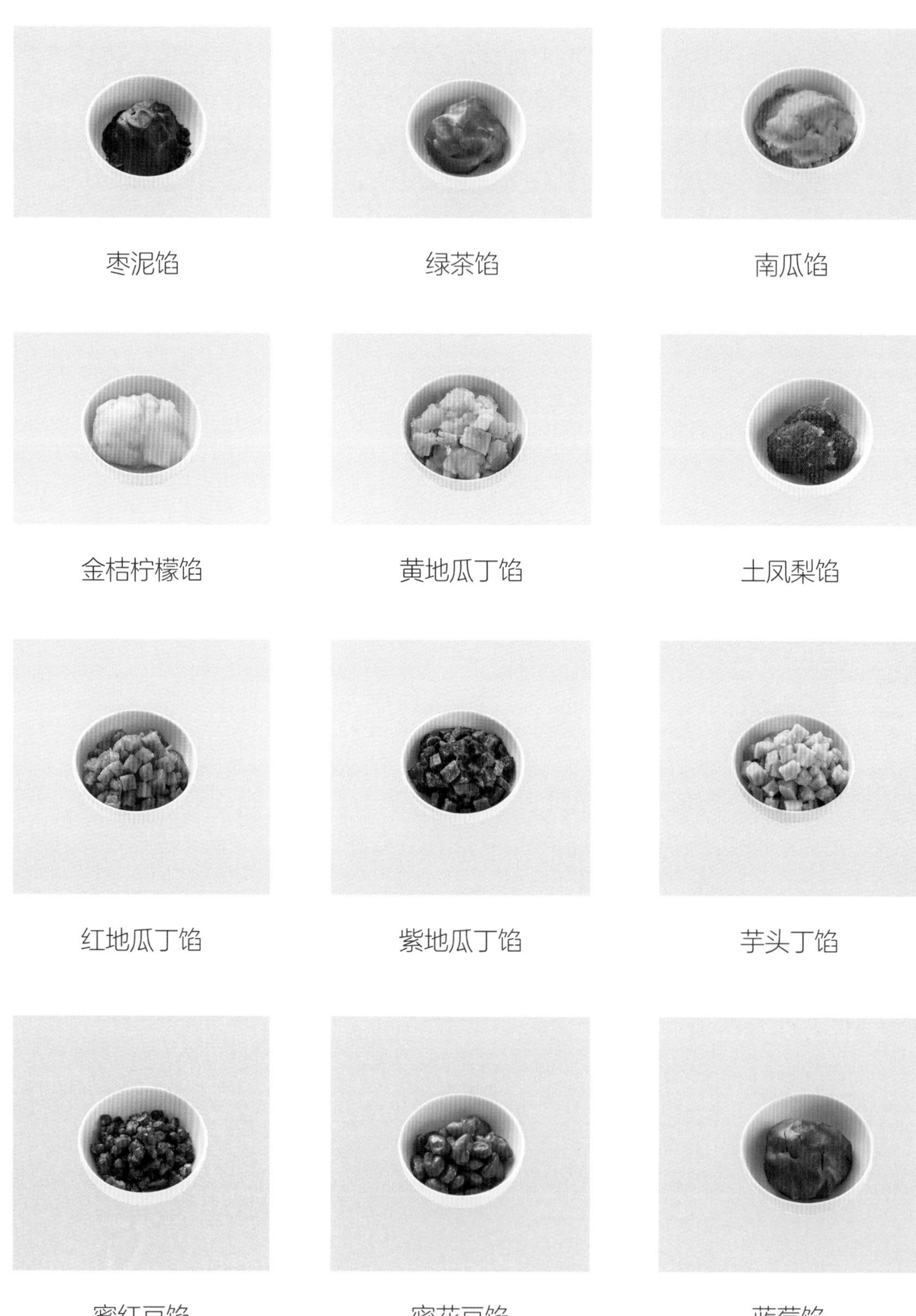

枣泥馅　绿茶馅　南瓜馅

金桔柠檬馅　黄地瓜丁馅　土凤梨馅

红地瓜丁馅　紫地瓜丁馅　芋头丁馅

蜜红豆馅　密花豆馅　蓝莓馅

覆盆子馅

冬瓜馅

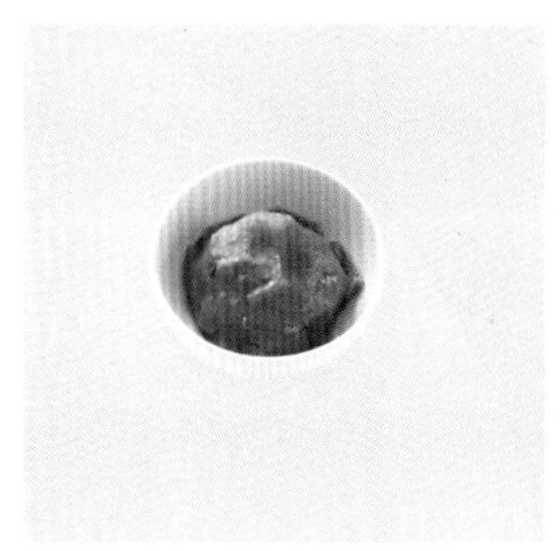

咖喱馅

内馅食材

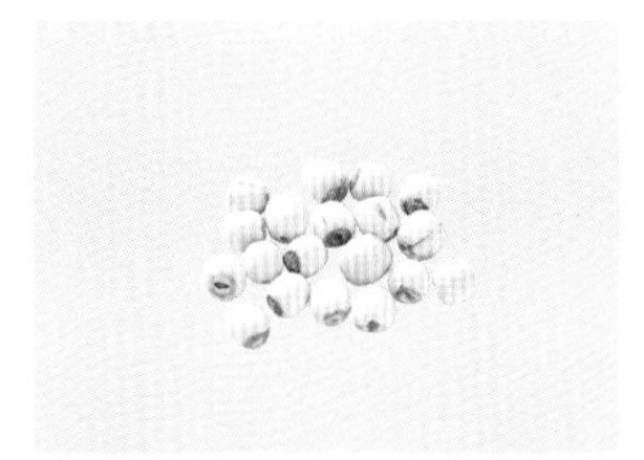

莲子

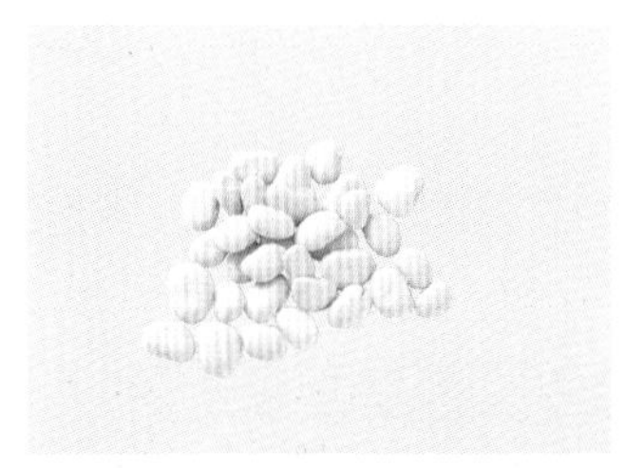

白凤豆

红豆

红凤豆

夏威夷豆

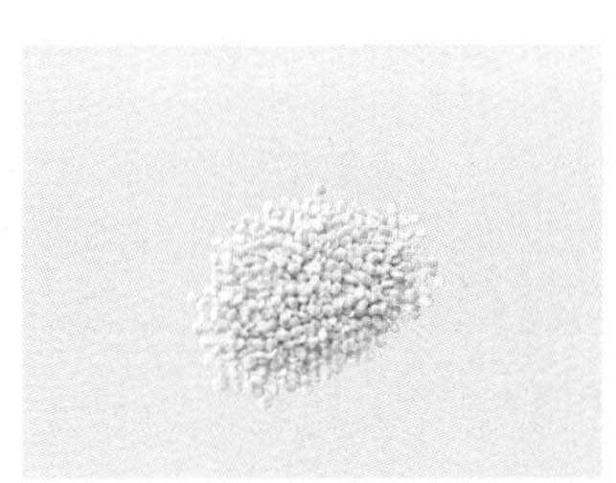

绿豆仁

第 2 章

酥菠萝泡芙

Choux au Craquelin

酥菠萝泡芙香、酥、脆，
只要尝过的人一定都能明白它的魅力，
即使没有内馅，也能让人一吃再吃，回味无穷。

搭配上爽口不腻的内馅后，
酥菠萝泡芙摇身一变，
成为派对中让人惊艳的百变 Dancing Queen（舞会皇后），
无论什么样的口味，都能舞出最迷人的身段。

酥菠萝泡芙 5 个重点

特别考虑到小家庭的需求，
本书配方都设计成方便家用烤箱或手工操作的份量，
不至于因为材料份量太少而影响搅打成果。
建议大家先依照书中配方份量试做，再依喜好调整。

这次的基础鲜奶泡芙设定为口感较软的配方，而非脆壳泡芙。脆壳泡芙在配方比例上，面粉分量较大，油脂含量也比鲜奶泡芙多。而软壳泡芙在填入内馅后，吃起来会更入口即化。

内馅上，卡士达馅几乎是泡芙跟派的基本款，只要加入不同调味，就能尝到不同口味。建议大家上手后，也可以自行调配自己喜爱的卡士达馅。

这里运用不同的菠萝皮口味的泡芙，搭配各式内馅，让大家能在家里做出如同专业蛋糕店一样华丽的点心。

1 生内馅组装后再烘烤

泡芙不仅只有常见的填馅泡芙，也可以用酥菠萝顶的装饰变化，让泡芙的口感变得更加多样化，甚至也有用生内馅组装泡芙后再一起烘烤的做法。

2 以鲜奶取代冷水

一般使用冷水的泡芙配方做出来的泡芙会比较膨，而用以鲜奶取代冷水的配方做泡芙，泡芙虽然没有那么膨，但可以增添奶香味，让内馅搭配外壳的香气，吃起来更为融合。

3 等量的酸奶油取代鲜奶

本书在做鲜奶泡芙时，有一个小秘方：用等量的酸奶油取代鲜奶，可以让泡芙的乳香味更浓厚。

4 用蛋液调整泡芙面糊软硬度

大部分泡芙配方，会建议用蛋液来调整泡芙面糊的软硬度，但太多蛋液反而会造成泡芙太硬，如果用冷水调整，则会没有味道。建议可以用酸奶油来调整面糊的软硬度，还能添加泡芙的风味，呈现多层次的口味。

5 以高筋面粉制作

本书的酥菠萝配方是以高筋面粉制作，无须过筛。也有人选择用低筋面粉，差异就在高筋面粉做出来的酥菠萝皮较为酥脆，低筋面粉则比较软。但使用低筋面粉时，要记得先过筛。

低筋面粉做面包、点心时，为什么要过筛?

低筋面粉在制作、存放时很容易结块，利用先过节的程序，可以去除块状粒子，留下细致的面粉，避免烘焙成品口感、外观不佳。

基础鲜奶泡芙

基础泡芙是整个泡芙的框架，
在它的表面，可在烘烤前加上各种风味的酥菠萝皮，
在它的内部，可在烘烤后破开，添加各种馅、果。

下面的配方在烘焙成品的色泽上十分亮眼，
加上本书中的各式奶油霜与香缇配方，
大家在家就能轻松端出专业级的烘焙点心。

材料

❶ 鲜奶 225g
❷ 无盐黄油 100g
❸ 细砂糖 10g
❹ 盐 5g
❺ 高筋面粉 50g
❻ 低筋面粉 100g
❼ 鸡蛋 260g
❽ 酸奶油 25g

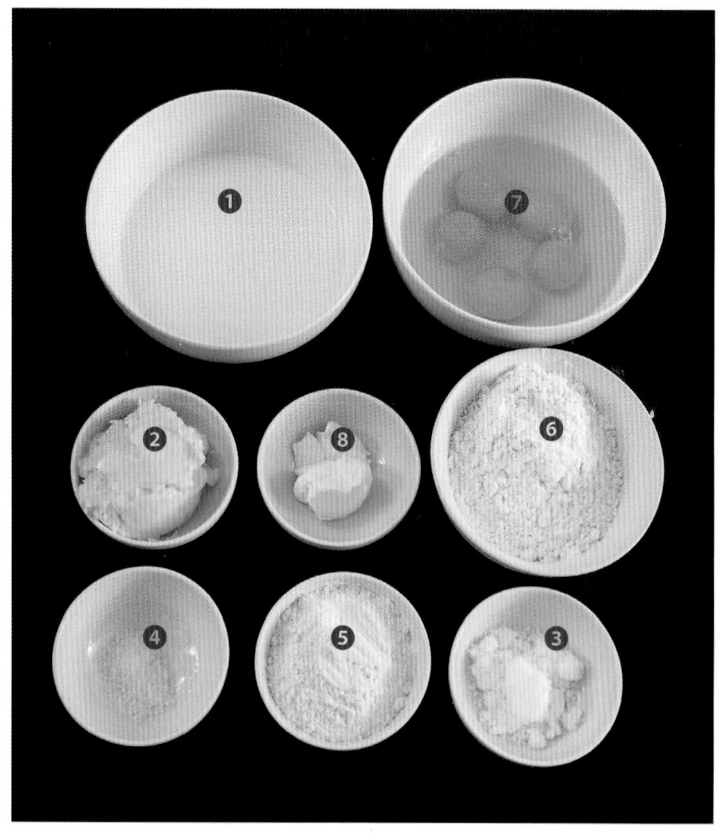

做法

① 将鲜奶、无盐黄油、细砂糖、盐，放入锅中煮至大滚后关火。

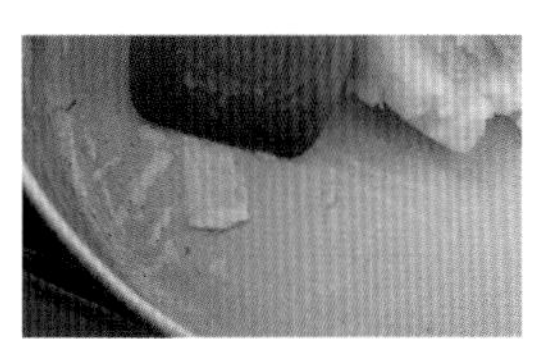

提示 锅底结皮是判断面团是否完全糊化成团的依据。此步骤非常重要，请格外注意。

② 加入高筋面粉与过筛的低筋面粉，快速搅拌至无粉粒成团后，再中火搅拌至锅底有结皮的情况出现。

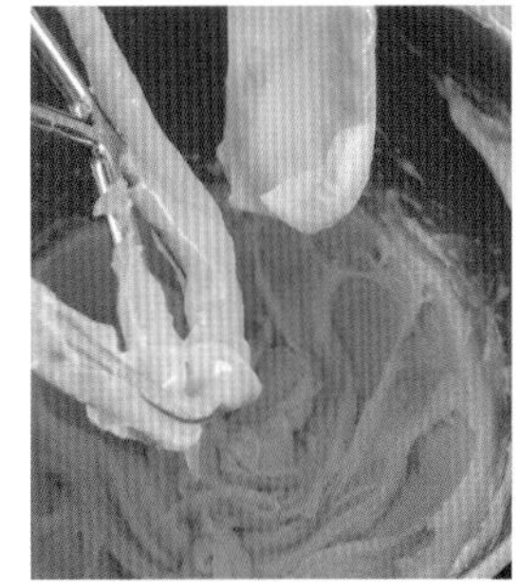

提示 加鸡蛋时要特别注意，太快会让面糊过软，太慢会造成烘烤时膨胀不足。如果希望面糊再软一点，可以在这个步骤中，加入些许酸奶油调整。另外，常温鸡蛋乳化性较好，请格外注意。

③ 分数次将鸡蛋与酸奶油倒入搅拌机，并以桨状搅拌棒快速搅拌。

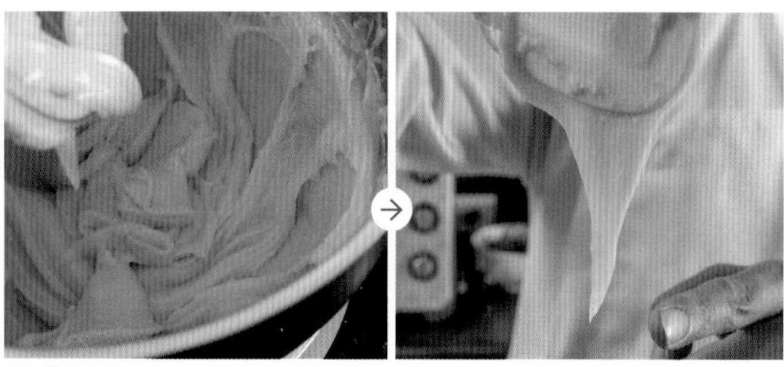

4 直到面糊完全吸收蛋液，再加下一次蛋液。约 15 秒后即可静置降温。搅拌完的面糊会呈现光滑色泽，此时以刮刀捞取时，流下会呈三角形，即可装入挤花袋。

5 在不沾布上依所需形状挤出泡芙面糊。书中所使用的是 1.5cm 口径的圆口花嘴，可以挤出直径 3cm 的小圆泡芙、直径 4.5cm 的圆泡芙、长 12cm 宽 2.5cm 的长形泡芙。

酥菠萝皮

酥菠萝皮的做法与材料跟派皮非常类似，但在制作过程中，要注意的地方却大不相同：派皮的黄油必须低温，面团搅打时无须成团，擀压时必须呈现不均匀状，所以要尽量减少手掌接触面团的时间；而酥菠萝皮面团必须搅拌至成团，如果黄油温度过低，还得利用手掌来加温，所以酥菠萝皮的黄油一定要用室温的。

酥菠萝皮面团揉制好，装入袋中擀制成长方形并冷藏后，使用时就可以依据泡芙的大小，用模型压制或切割，能更快速完成酥菠萝泡芙皮。整个面团擀成相同厚度后，就不会因为先分割再擀平而产生酥菠萝皮厚薄不一的缺点。还可以一次做大量的酥菠萝皮，擀平之后堆叠，几乎不占冰箱空间。分割时如果是冷冻保存，建议要稍微回温后再切分，以免切下去时裂开。

书中面团擀压的大小是依据泡芙配方所衡量出来的最佳比例，如果擀得太薄，虽然表皮会更酥，但会因为回温过快而不容易操作。配方里所设计的酥菠萝皮的厚度，能让酥菠萝皮在烘烤后呈现不规则的岩石状。如果想要增加酥菠萝皮的口感，不妨在酥菠萝皮上添加珍珠糖（比利时糖）。

材料

香草酥菠萝泡芙

基础鲜奶泡芙

+

❶ 无盐黄油....50g（室温）
❷ 细砂糖........................65g
❸ 高筋面粉....................65g
❹ 香草荚.................0.25 条

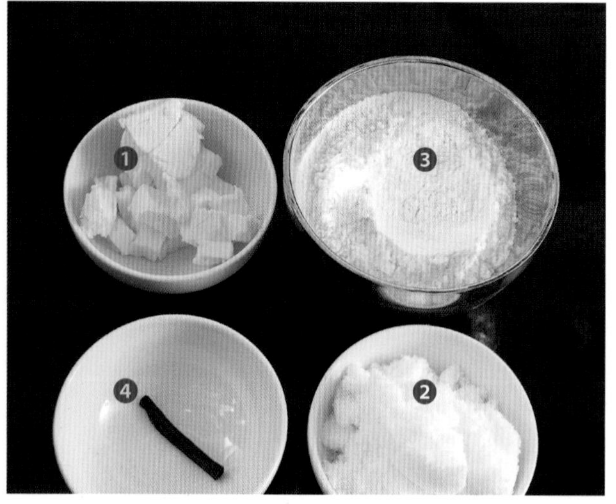

做法

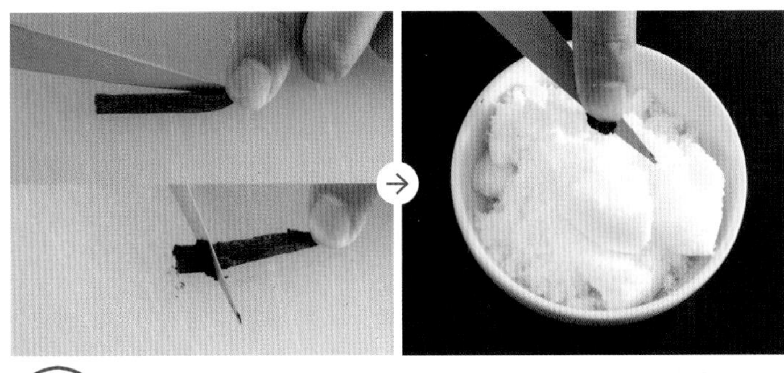

① 用刀背轻刮香草荚，取出香草籽。放入细砂糖中。

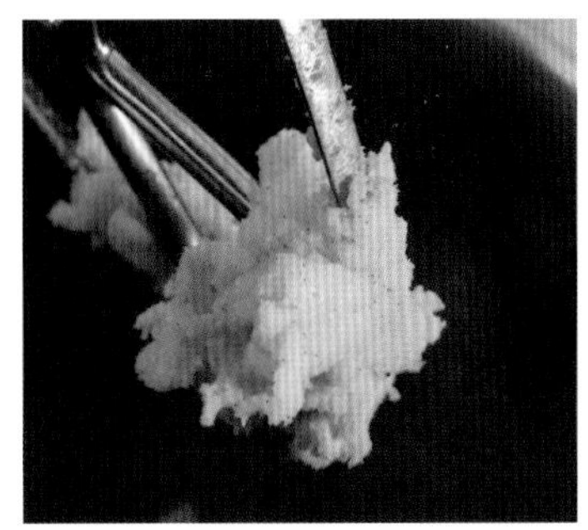

② 将无盐黄油、细砂糖、香草籽加入搅拌缸，以低速拌匀。

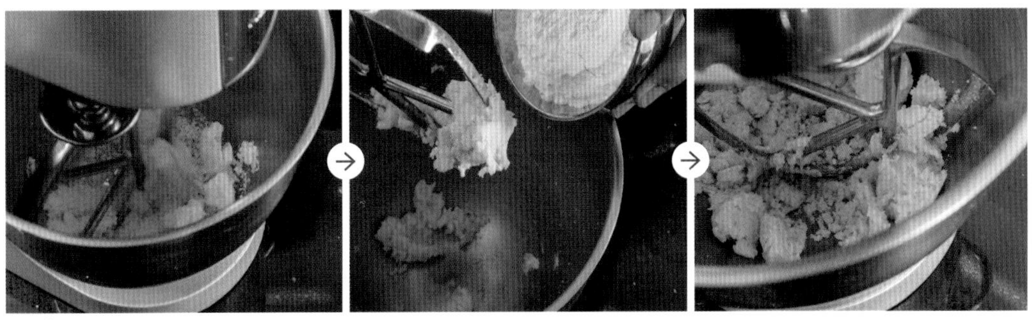

③ 高筋面粉不过筛，直接加入搅拌缸，续拌成团。

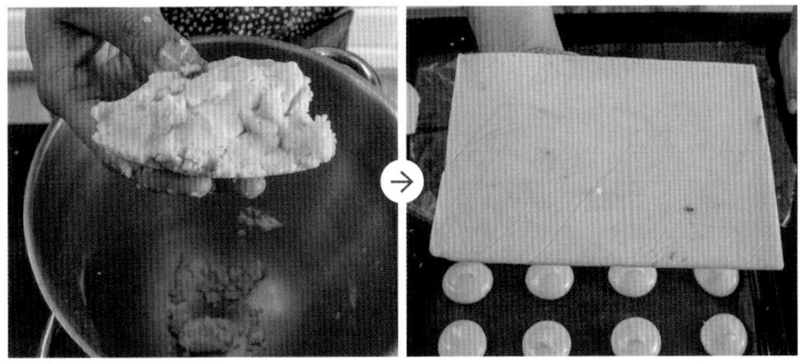

④ 将面团放入塑料袋中，擀压成长 20cm、宽 15cm，厚 0.2~0.3cm 的长方形面团，冷藏约 1 小时备用。

做成酥菠萝泡芙

⑤ 自冰箱取出预先做好的酥菠萝皮，依据鲜奶泡芙的大小，切割成可以盖住的大小。

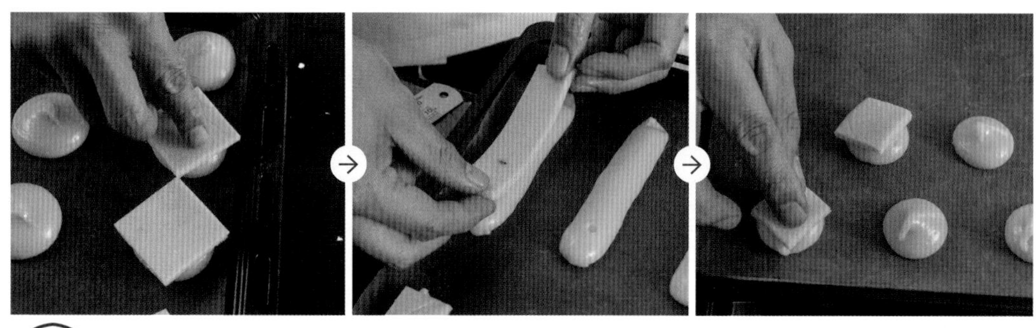

⑥ 将切割完成的酥菠萝泡芙皮轻贴在鲜奶泡芙上端。

⑦ 烤箱预热至上下火均为 200 ℃，烤焙时间 20~30 分钟。烤焙时，千万不能打开烤箱，避免外皮不熟。

自制香草风味砂糖

去除香草籽的香草荚，可以在烘烤马林糖时，一并放入烤箱，增加马林糖的香气。也可以先在 100℃烤箱内烘烤约 30~40 分钟以干燥，而后放入细砂糖中装罐保存，约一周后，就能有罐散发着香草风味的细砂糖了。

抹茶酥菠萝泡芙

（材料）

基础鲜奶泡芙

+

无盐黄油...........50g（室温）
细砂糖............................65g
抹茶粉...............................4g
高筋面粉........................65g

（做法）

① 将无盐黄油、细砂糖、抹茶粉加入搅拌缸，以低速拌匀。

提示 **抹茶粉先加入与奶油一同搅拌，较容易拌均匀。**

② 高筋面粉不过筛，直接加入搅拌缸，续拌成团。

③ 将面团放入塑料袋中，擀压成长 20cm、宽 15cm，厚 0.2~0.3cm 的长方形面团，冷藏约 1 小时备用。

其余略。

可可酥菠萝泡芙

（材料）

基础鲜奶泡芙

+

无盐黄油...........50g（室温）
细砂糖............................65g
可可粉.............................10g
高筋面粉........................55g

（做法）

① 将无盐黄油、细砂糖、可可粉加入搅拌缸，以低速拌匀。

提示 **可可粉先加入与黄油一同搅拌，较容易拌均匀。**

② 高筋面粉不过筛，直接加入搅拌缸，续拌成团。

③ 将面团放入塑料袋中，擀压成长 20cm、宽 15cm，厚 0.2~0.3cm 的长方形面团，冷藏约 1 小时备用。

其余略。

咖啡酥菠萝泡芙

（材料）

基础鲜奶泡芙

+

无盐黄油...........50g（室温）
细砂糖............................65g
研磨咖啡粉.......................4g
高筋面粉........................65g

（做法）

① 将无盐黄油、细砂糖、研磨咖啡粉加入搅拌缸，以低速拌匀。

提示 **使用研磨咖啡粉是为了突显咖啡原始风味，并且与黄油香气取得平衡。**

② 高筋面粉不过筛，直接加入搅拌缸，续拌成团。

③ 将面团放入塑料袋中，擀压成长 20cm、宽 15cm，厚 0.2~0.3cm 的长方形面团，冷藏约 1 小时备用。

其余略。

馅料与装饰料

搭配单一内馅或双馅，甚至是混合内馅，再加上简单易操作的装饰技巧，泡芙也能充满惊喜和变化。

泡芙的不同内馅有什么差异？最基础的泡芙内馅，不外乎香甜的卡士达内馅，但如果搭配上打发的鲜奶油香缇，可以为内馅创造出更轻盈的口感，品尝时也比较不腻口。

法国闪电泡芙最常用的是奶油馅，但并非一般的奶油馅，而是使用意大利蛋白霜调出的意式奶油馅，或是法式奶油馅；如果要做出冷冻泡芙，还可以灌入慕斯作为内馅。

最简易的泡芙内馅，莫过于使用所谓的“鲜奶油香缇”。鲜奶油香缇，法文为“crème Chantilly”，只需要将细砂糖加入鲜奶油打发，再添加不同风味，例如，加入香草荚制成香草香缇，或加入抹茶粉制成抹茶香缇，就可以创造出不同的美味泡芙。

鲜奶中的蛋白质变化

鲜奶主要由三种蛋白质组合而成：
分别为酪蛋白（Casein）、乳清蛋白（Lacto albumin）、乳球蛋白（Lactoglobulin）。酪蛋白占鲜奶蛋白质比例的65%~81%、乳球蛋白7%~12%、以及关键的乳清蛋白2%~5%。最后还有微量的白蛋白和球蛋白，但比例非常少。
虽然大家都知道鲜奶有丰富的营养成分，但是直接添加新鲜牛奶于面团中会造成面团体积缩小。这种情况最大的原因就是含有大量活泼性硫氢根的鲜奶蛋白质会阻碍面团吸水，使面团粘手，影响发酵和最终烘焙体积。
所以，往往制作鲜奶面包、点心时使用高温灭菌乳能够得到产品较大的体积和稳定的品质。若要使用一般新鲜牛奶，要先将鲜奶加热至85℃持续至少30分钟，让乳清蛋白变性，同时让乳脂结合，从而增加面团操作上的稳定度。
至于高温灭菌乳或是浓缩奶水，因为已经经过加热处理，所以不需要再进行上述过程。

卡士达奶油馅

卡士达是以蛋奶酱延伸而出的浓稠甜酱，除了经典香草口味外，
也可调制自己喜欢的风味。

材料

香草卡士达

❶ 蛋黄......100g（约 6 颗）
❷ 鲜奶 500g
❸ 细砂糖 A..................... 20g
❹ 香草荚 .... 0.5 条
❺ 细砂糖 B..................... 80g
❻ 玉米粉 40g
❼ 无盐黄油 40g

做法

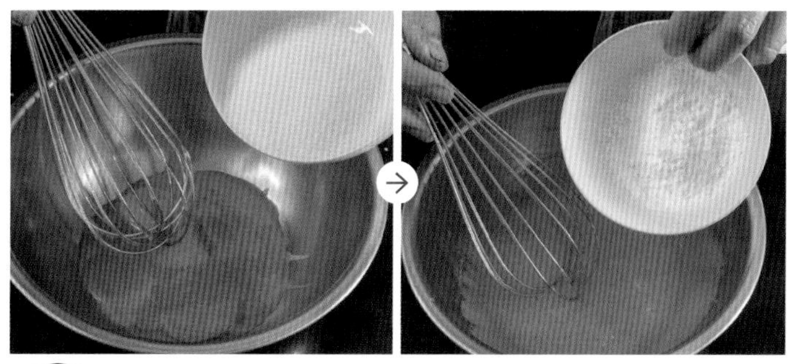

① 取一调理盆，放入蛋黄、细砂糖 A，搅拌均匀后，加入玉米粉拌匀。

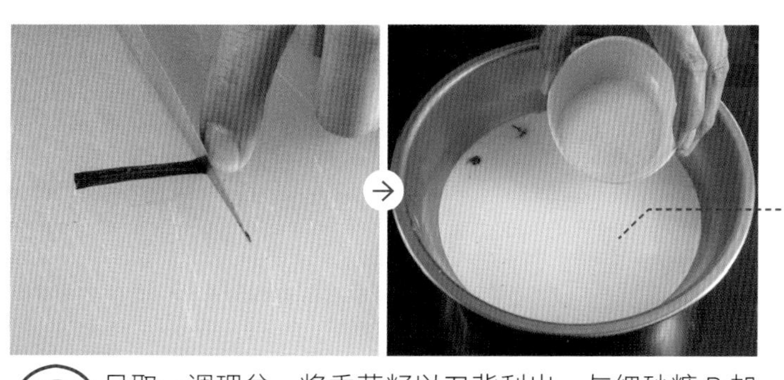

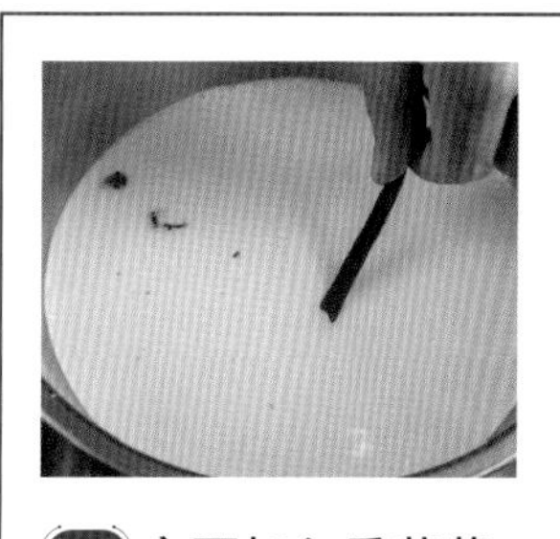

提示 亦可加入香草荚，更能增添香草风味。

② 另取一调理盆，将香草籽以刀背刮出，与细砂糖 B 加入鲜奶中小煮至沸腾。

③ 将煮沸的鲜奶立即倒入做法①事先搅拌均匀的蛋黄液中，并快速搅拌。

提示 所谓收缩弹性是指用打蛋器勾起时，内馅产生糊化现象。

④ 将搅拌后的内馅移回炉上小火回煮，一边搅拌至呈现收缩弹性后离火。

做法

5 离火后持续搅拌至微降温，再加入无盐黄油搅拌均匀。

6 取一平盘，取约平盘两倍长度的保鲜膜，一半铺在盘上，将卡士达酱过筛倒入铁盘中。

提示 **过筛能使卡士达酱的口感更细致，也能一并将香草荚与鸡蛋的粗渣滤出。**

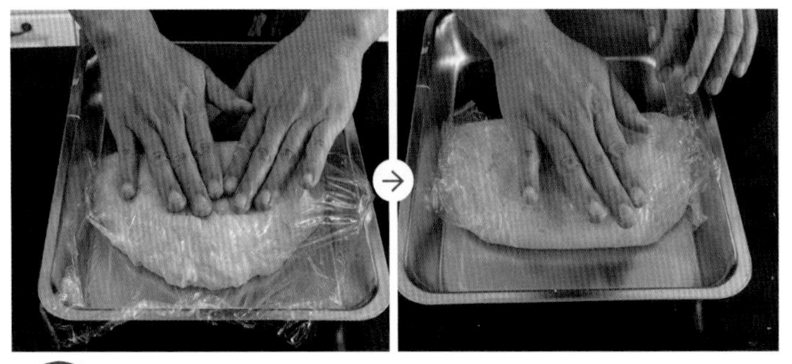

7 将另一半保鲜膜完整紧贴覆盖在卡士达酱上，稍微轻压，挤出多余空气。最后，置入冰箱冷藏备用。

提示 **卡士达酱在冷藏后取出使用时，要记得先搅拌至光滑，如果表面不够光滑，就表示煮得不够熟，此时可隔水回煮至熟。**

如果不想使用玉米粉时，可以用什么代替？

有人会用低筋面粉取代卡士达内馅材料中的玉米粉，但这样其实会影响凝结性，卡士达凝固的状态不足，反而不好操作。

如果还是想到减少玉米粉的分量，可以用低筋面粉取代一半的玉米粉。另外，玉米粉千万不能在一开始就加入鲜奶中同煮，以免结粒，影响到卡士达奶油馅的口感。

抹茶卡士达

（材料）

蛋黄 100g
细砂糖 A......................... 20g
玉米粉 40g
抹茶粉 10g
细砂糖 B......................... 80g
鲜奶 500g
香草荚 .... 0.5 条
无盐黄油 40g

（做法）

① 取一调理盆，放入蛋黄、细砂糖 A 搅拌均匀。

② 玉米粉与抹茶粉充分混合后过筛，再加入①中。

提示 **抹茶粉先与玉米粉混合并过筛后，再加入蛋黄液和细砂糖之中，有助于与面糊顺利融合。**

③ 另取一调理盆，将香草籽以刀背刮出，与细砂糖 B 同时加入鲜奶中小煮至沸腾。

④ 将煮沸的鲜奶立即倒入做法②事先搅拌均匀的抹茶蛋黄液中，并快速搅拌。

⑤ 将搅拌后的内馅移回炉上回煮，一边搅拌至呈现收缩弹性后离火。

⑥ 离火后持续搅拌至些微降温，再加入无盐黄油搅拌均匀。

⑦ 取一平盘，取约平盘两倍长度的保鲜膜，一半铺在盘上，将卡士达酱过筛倒入铁盘中。

⑧ 将另一半保鲜膜完全紧贴覆盖在卡士达酱上，稍微轻压，排出多余空气。最后，置入冰箱冷藏备用。

使用速溶咖啡粉取香味

与抹茶卡士达不同的是，咖啡卡士达奶油馅的咖啡粉要先加入鲜奶中同煮，才能完全溶解。要特别注意的是，这里所使用的是速溶咖啡粉，不能用一般手冲咖啡液取代，取的是速溶咖啡的咖啡香。

咖啡卡士达

材料

蛋黄 100g
细砂糖 A........................ 20g
玉米粉 40g
细砂糖 B........................ 80g
速溶咖啡粉 10g
鲜奶 500g
无盐黄油 40g

做法

① 取一调理盆，放入蛋黄、细砂糖 A，搅拌均匀后，加入玉米粉拌匀。

② 细砂糖 B 与速溶咖啡粉加入鲜奶中，小火煮至沸腾。

③ 将煮沸的鲜奶立即倒入做法①事先搅拌均匀的蛋黄液里，并快速搅拌。

④ 将搅拌后的内馅移回炉上回煮，一边搅拌至呈现收缩弹性后离火。

⑤ 离火后持续搅拌至些微降温，加入无盐黄油搅拌均匀。

⑥ 取一平盘，再取约平盘两倍长度的保鲜膜，一半铺在盘上，将卡士达酱过筛倒入铁盘中。

⑦ 将另一半保鲜膜完全紧贴覆盖在卡士达酱上，稍微轻压排出多余空气。最后，置入冰箱冷藏备用。

巧克力卡士达

材料

香草卡士达 200g
62% 苦甜巧克力............ 30g

做法

① 取 200g 热的香草卡士达，加入苦甜巧克力，搅拌均匀。

② 取一平盘，取约平盘两倍长度的保鲜膜，一半铺在盘上，将卡士达酱过筛倒入铁盘中。

③ 将另一半保鲜膜完全紧贴覆盖在卡士达酱上，稍微轻压排出多余空气。最后，置入冰箱冷藏备用。

提示 **也可把巧克力事先融化，加入拌匀，避免不均匀。**

巧克力质量影响口感

这里所使用的巧克力，是可可联盟有机认证的巧克力，全部原料均是使用当地酪农业的鲜奶，以及当地农夫所生产的可可豆和相关农产品。

蛋白霜

蛋白霜除了原味的外，还能做成抹茶、红茶、可可、香草风味，
分别有不一样的搭配趣味。

材料

意大利蛋白霜

❶ 细砂糖......................150g
❷ 水................................50g
❸ 蛋白..........100g（室温）

做法

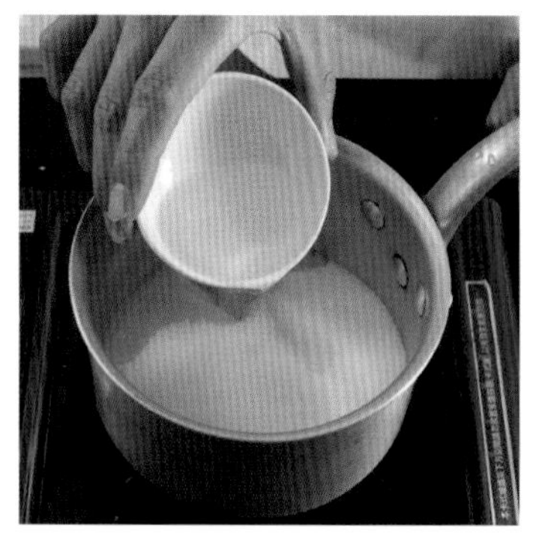

① 取一单柄锅倒入细砂糖，并加入清水，小火慢煮至115~120℃。

提示 此步骤不能搅拌，否则会导致结晶。

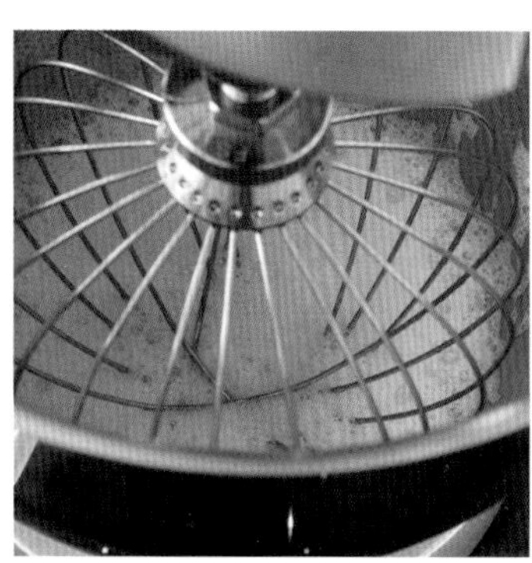

② 蛋白打至湿性发泡、接近干性发泡。

提示 打蛋白的搅拌缸必须完全不残留水或油，以免破坏蛋白的打发性。刚从冰箱中取出的蛋白一定要放置到室温再打发，冰蛋白太过浓稠，会影响蛋白霜打发的组织。

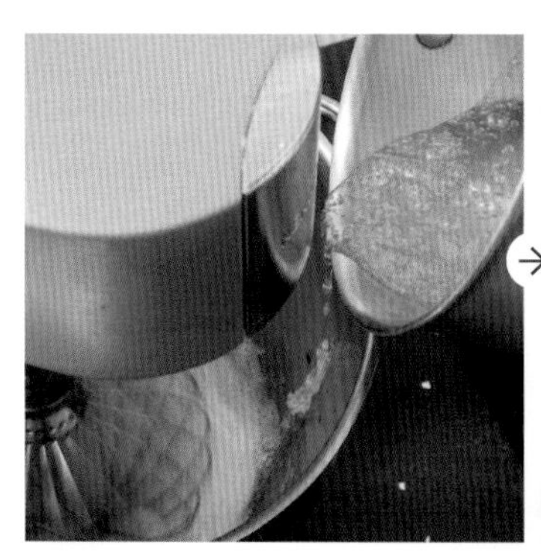

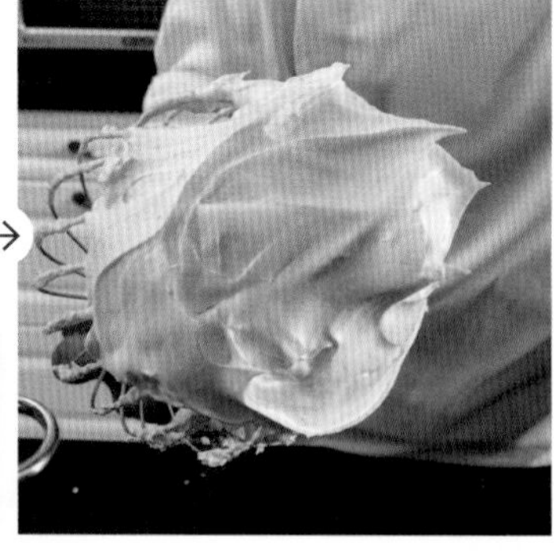

③ 将煮好的糖浆加入蛋白霜内，并以高速搅拌至蛋白霜呈现坚挺。

提示 完成的蛋白霜，表面滑嫩有光泽，不会湿湿水水的，用搅拌棒舀起一定份量也不会滴下。

马林糖

煮至120℃的蛋白霜较硬且快干，最适合做成马林糖。如果想要直接搭配食用，可以煮至115℃，口感会比较软。

利用蛋白霜粘住烘焙纸

烘焙时，为了让烘焙纸不会因为烤箱内的炫风飞起，可以在烤盘四角先挤一点蛋白霜粘住烘焙纸。另外，也可以在烤箱内放入使用过的空香草荚，烘烤完的马林糖就会有一股淡淡的香草味。

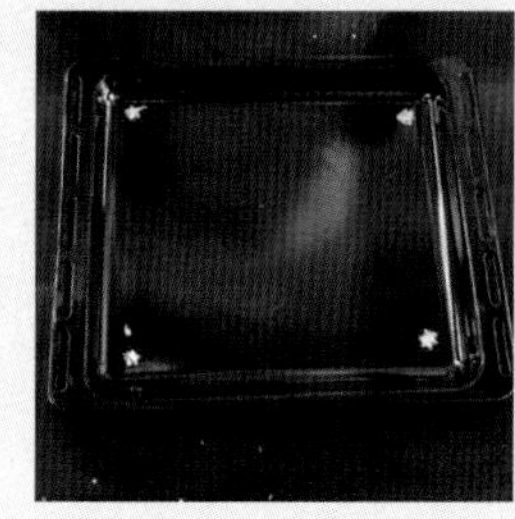

烤好的马林糖可用在装饰上

下图中的马林糖是分别用SN 7085（6齿花嘴）、SN7029（玫瑰花嘴）、SN7172（叶齿花嘴）做出的不同造型。烤温设定在90℃，烘烤至干硬，烘烤时间可以因马林糖的大小而调整，大体在1.5~2小时。烤好的马林糖可以用食用色粉略微上色，用于装饰泡芙或派。

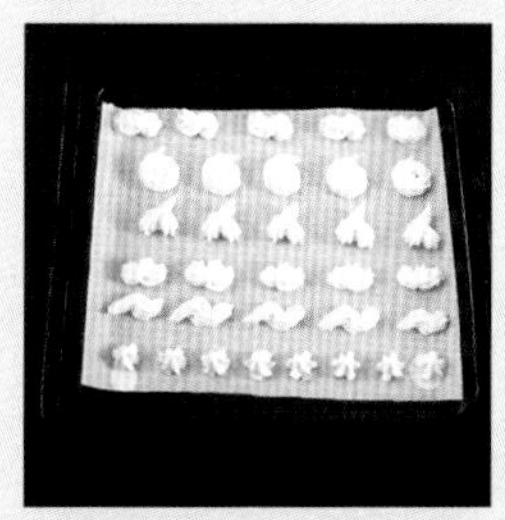

鲜奶油香缇

鲜奶油香缇在甜点中应用非常广泛，从制作泡芙内馅，到作为甜点里的奶油霜的基底，到制作冰淇淋，以及装饰各种甜点，它都是不可或缺的绿叶。

材料

原味
鲜奶油香缇

❶ 细砂糖........................30g
❷ 动物性稀奶油..........300g

做法

① 将细砂糖加入动物性稀奶油中。

提示 **动物性稀奶油等到要使用时，再从冰箱取出，避免酸掉。**

② 打发呈微弯勾状，不能有滴落的状态。用挤花袋装填，冷藏待用，以维持稀奶油的稳定度。

提示 **鲜奶油香缇可以拿来装饰或做成慕斯，装饰用的需要打至微硬，慕斯用的则是偏软。**

抹茶鲜奶油香缇

材料

动物性稀奶油 300g
抹茶粉 8g
细砂糖 30g

做法

在往搅拌缸放入所有材料后，先手动搅匀，以免抹茶粉沉淀至搅拌缸底部无法打发。而后以高速打发至微弯勾状态，完成后以挤花袋装填冷藏待用即可。

酸奶油抹茶香缇

在打发完成的抹茶鲜奶油香缇中，加入 100g 的酸奶油拌匀，就是带有略酸的抹茶香缇，口感会更佳清爽。但酸奶油必须要在鲜奶油打发完后才能加入，千万不能与鲜奶油一起打发，否则会直接油水分离而花掉。

奶油霜

下面的配方的份量都是方便于手工操作的。
如果觉得奶油霜偏甜，可以加入相当于总重量的1%~2% 的盐来平衡甜味。 还可以在配方中加入约总重量的2%比例的抹茶粉、红茶粉、可可粉、香草籽，做出口味上的变化。

材料

英式奶油霜

❶ 无盐黄油.......100g（室温）
❷ 纯糖粉 50g
❸ 白美娜浓缩鲜奶............10g

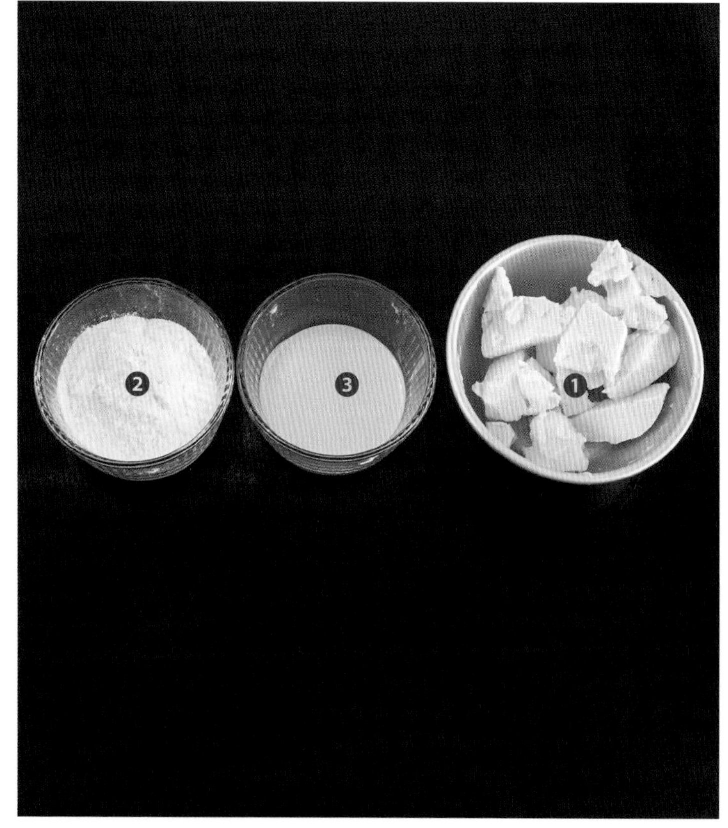

做法

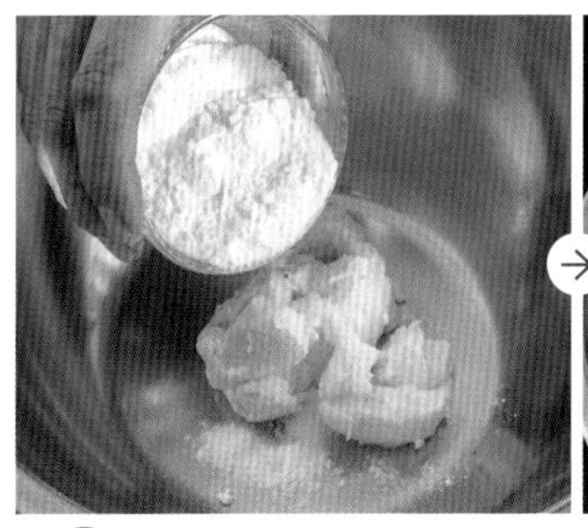

① 放置在室温下软化的无盐黄油与纯糖粉混合后搅打至泛白。

② 加入白美娜浓缩鲜奶，调整奶油霜的软硬度。

提示 **浓缩鲜奶亦可以用动物性稀奶油取代，只是会比较腻口，可以加入些许朗姆酒，调入酒香，做出大人的口味。**

材料

法式奶油霜

❶ 动物性稀奶油................ 100g
❷ 蛋黄 ....60g（约 3 颗鸡蛋）
❸ 细砂糖 100g
❹ 无盐黄油 250g

做法

① 将动物性稀奶油、蛋黄、细砂糖置入锅中，边搅拌边加热至 83℃，大约煮至糊变得浓稠、产生细微泡沫。

提示 动物性稀奶油也可以用鲜奶替代，但效果没那么突出。

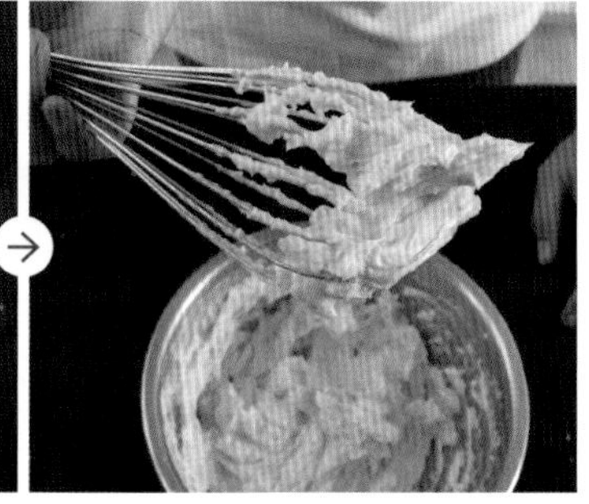

② 离火后待降温至 30℃，加入无盐黄油，持续搅拌。一开始搅拌时会呈现分离的状态，只要持续搅拌，就能均匀乳化，呈现奶油霜的状态。

法式奶油霜风味变化的配方

法式奶油霜如果想要变化口味，可以在煮时加入 2% 抹茶粉、2% 红茶粉、大约 6g 的可可粉或是半条香草荚。如果用的是茶叶，请记得要滤掉茶叶渣，只取用茶水。

材料

意式奶油霜

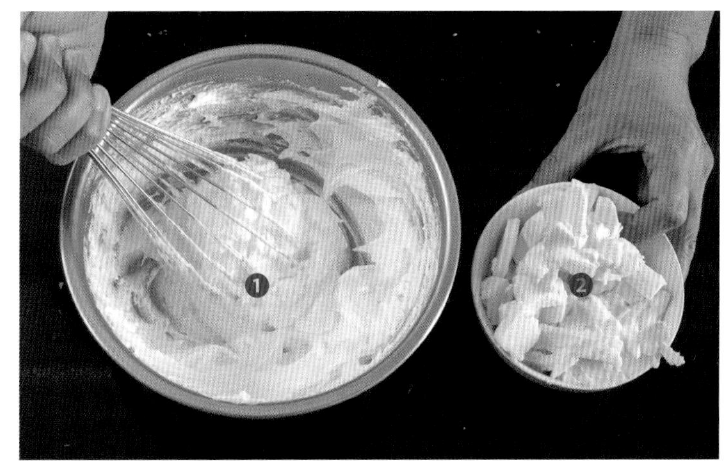

❶ 意大利蛋白霜..........100g

❷ 无盐黄油..................125g

做法

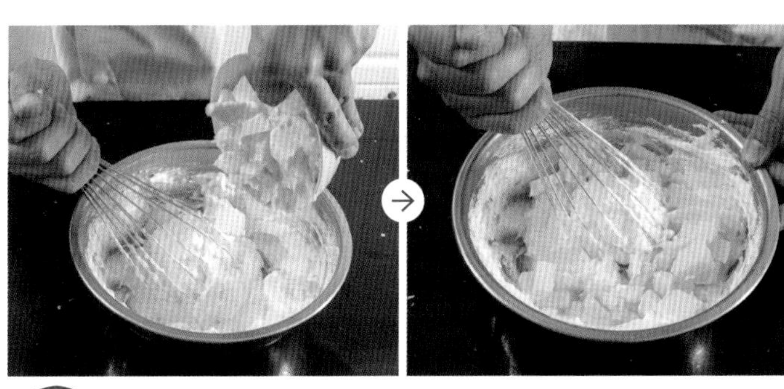

① 将放置在室温下软化的无盐黄油，放入100g意大利蛋白霜中，搅打均匀。

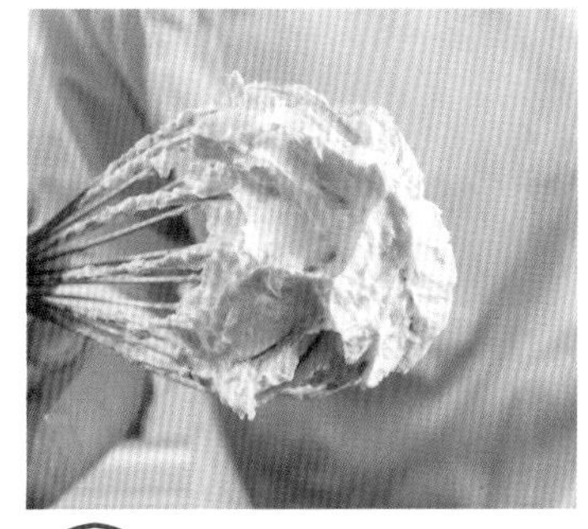

② 一起搅打至表面呈现柔润、轻盈感即可。

③ 可以在配方外加入10~20g蜂蜜或炼乳，让奶油霜的风味更具层次。

意式奶油霜风味变化的配方

意式奶油霜在香料的变化上，也可以将100g意大利蛋白霜搅打至表面呈现柔润、轻盈感，再选择加入3~4g抹茶粉、红茶粉、可可粉或半条香草荚。或者另外加入食用金粉、黄色系的食用色素，抹茶奶油霜就会呈现更明亮的色彩。

糖坚果

糖坚果可以趁热用不沾布塑形，冷藏凝固后可以当作泡芙的装饰；也能直接填入已烤熟的甜派皮之中，做成坚果甜派。

材料

焦糖核桃

❶ 细砂糖........................ 50g
❷ 无盐黄油 30g
❸ 动物性稀奶油............ 40g
❹ 核桃.......................... 150g
❺ 葡萄干 50g
❻ 蜂蜜 30g

做法

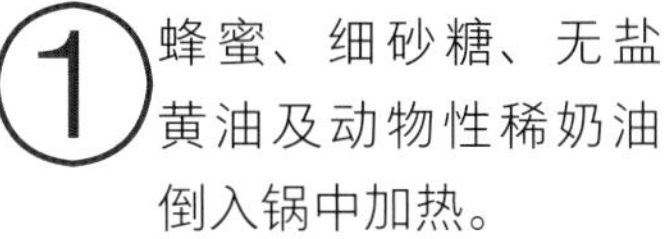

① 蜂蜜、细砂糖、无盐黄油及动物性稀奶油倒入锅中加热。

② 小火慢慢加热至浓稠，锅缘呈牛奶糖色泽，锅子即可离火冷却备用。

③ 将核桃、葡萄干等坚果材料加入搅拌，至它们均匀粘附焦糖酱即可。

提示 如果焦糖酱冷却后过于浓稠、不好操作，可再回炉加热；如果觉得焦糖酱过甜，则可增加坚果果干份量，尽量不要调整其他材料的份量。

提示 此配方中的果干无须泡酒，以免过度湿润。坚果也可以用胡桃或其他各式坚果类代替。

太妃焦糖酱

煮焦糖酱时，颜色越深，味道越浓郁，如果不喜欢太强烈的味道，可以自行调整煮的时间。另外，建议加些蜂蜜，更能凸显坚果的风味。

材料

细砂糖 100g
动物性稀奶油 120g
盐 .... 少许

做法

① 将细砂糖加热煮至焦化，加热过程中不要搅拌，以免出现结晶而失败。

② 倒入动物性稀奶油，搅拌熬煮，至沸腾后加盐拌匀，离火即可。

材料

综合糖坚果

- ❶ 蜂蜜……30g
- ❷ 细砂糖……50g
- ❸ 无盐黄油……30g
- ❹ 动物性稀奶油……40g
- ❺ 杏仁……50g
- ❻ 核桃……50g
- ❼ 腰果……50g
- ❽ 南瓜籽……10g

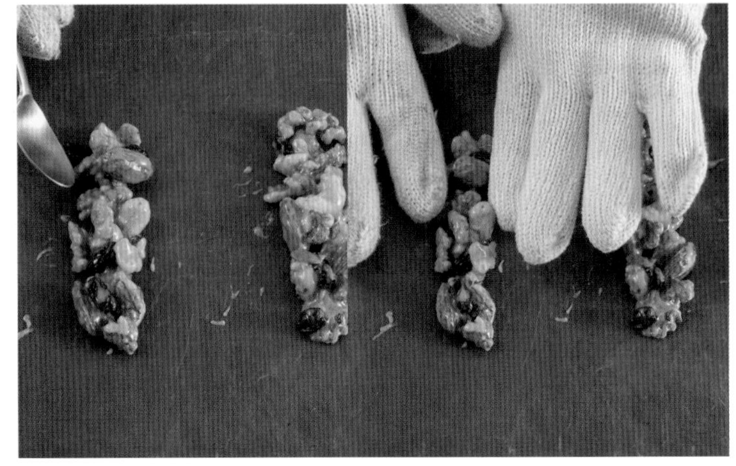

提示 **做好的坚果馅可以放在不沾布上摆放定型，送入冰箱硬化。**

做法

① 将蜂蜜、细砂糖、无盐黄油及动物性稀奶油倒入锅中加热。

② 小火慢慢加热至浓稠，锅缘呈牛奶糖色泽，锅子即可立刻离火冷却。

③ 将综合坚果加入搅拌，均匀粘附焦糖酱即可。

材料

糖夏威夷豆

❶ 蜂蜜 30g
❷ 细砂糖 50g
❸ 无盐黄油 30g
❹ 动物性稀奶油 40g
❺ 夏威夷豆 150g

做法

① 将蜂蜜、细砂糖、无盐黄油及动物性稀奶油倒入锅中加热。小火慢慢加热至浓稠，锅缘呈牛奶糖色泽，锅子即可立刻离火冷却备用。

② 将已烤焙熟的夏威夷豆加入锅中搅拌。

③ 让夏威夷豆均匀粘附焦糖酱即可。

提示 如果买到的是生夏威夷豆，必须以120℃烘烤20~30分钟后再使用。烘烤时，可以摆入香草荚一同烘烤，香草与夏威夷豆的风味十分搭配。

材料

拉糖

拉糖用于装饰，可以包覆坚果形成造型

❶ 细砂糖 300g
❷ 水 100g
❸ 柠檬汁 5g

做法

① 细砂糖倒入锅中小火煮至融化，将水倒入锅中，再煮至160℃，并加入柠檬汁。柠檬汁可以减缓糖结晶的速度。

提示 **中间绝对不能搅拌摇晃，否则会出现结晶的效果而失败。**

②待煮至 160℃后离火，并立即隔水降温即可。

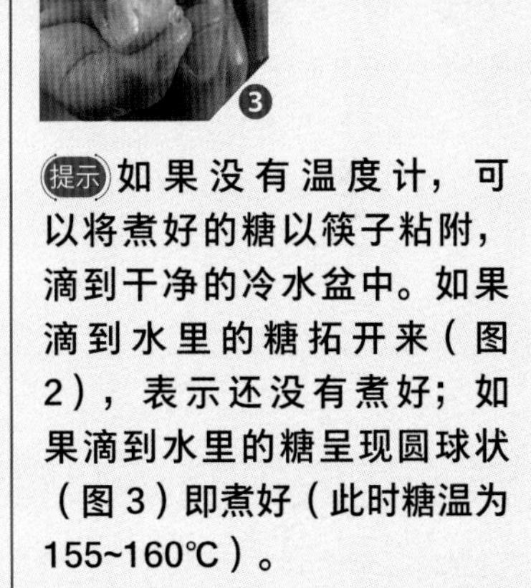

提示 如果没有温度计，可以将煮好的糖以筷子粘附，滴到干净的冷水盆中。如果滴到水里的糖拓开来（图 2），表示还没有煮好；如果滴到水里的糖呈现圆球状（图 3）即煮好（此时糖温为 155~160℃）。

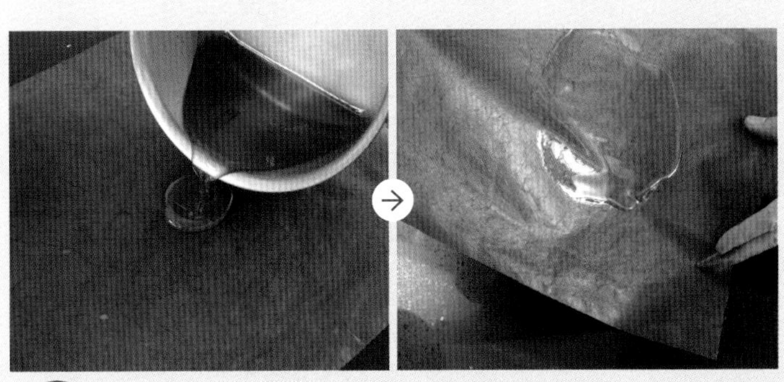

③糖片做法：稍降温的糖浆倒在不沾布上，并摇晃不沾布，使糖均匀扩散，尽量不要产生气泡，再通过不沾布将糖片趁热塑形，即形成装饰用的糖片。

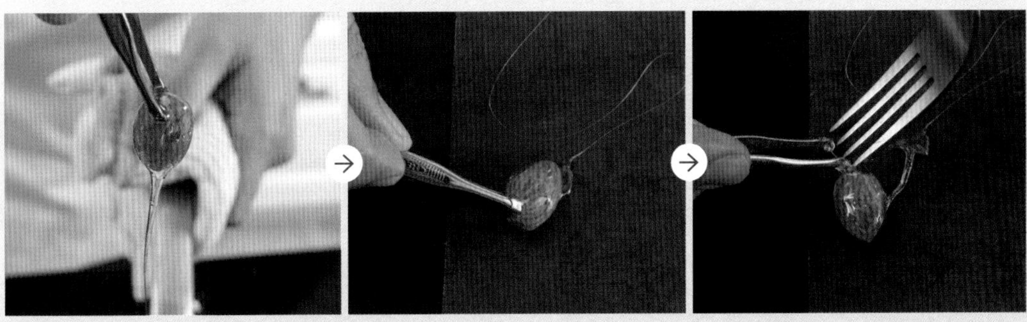

③拉丝坚果做法：用小夹子夹住坚果，浸入糖浆，让坚果的表面均匀粘附糖浆，再趁热做出拉丝造型。

综合食谱

满口香草的芬芳滋味

香草卡士达酥菠萝泡芙

(材料)

圆形香草酥菠萝泡芙.... 6 颗
香草卡士达馅 .... 适量

(做法)

① 将泡芙底部以花嘴轻刺出一个洞口（图 1）。

② 以挤花袋将香草卡士达馅灌入泡芙（图 2）。

卡士达内馅轻柔却有着浓郁口感

意式香草闪电泡芙

(材料)

长形香草酥菠萝泡芙... 6 颗
香草卡士达馅 .... 适量
意式奶油霜 .... 适量

(做法)

① 取一调理盆，将常温香草卡士达馅与常温意式奶油霜稍微混合，比例为 3 ： 1，装入挤花袋备用。

② 取长形香草酥菠萝泡芙，用花嘴在底部刺出均匀分散的三个洞口（图 1）。

③ 将混合好的卡士达意式奶油霜分别自洞口处灌入，使内馅能平均（图 2）。

如何让卡士达馅口感更清盈？

卡士达混合意式蛋白霜的内馅，法文叫 crème chiboust，加入了奶油霜的卡士达馅，内馅的口感会更加轻盈。要注意的是在混合奶油霜时的温度不能低于 16℃，所以卡士达要先退冰后，才能混合奶油霜搅拌。

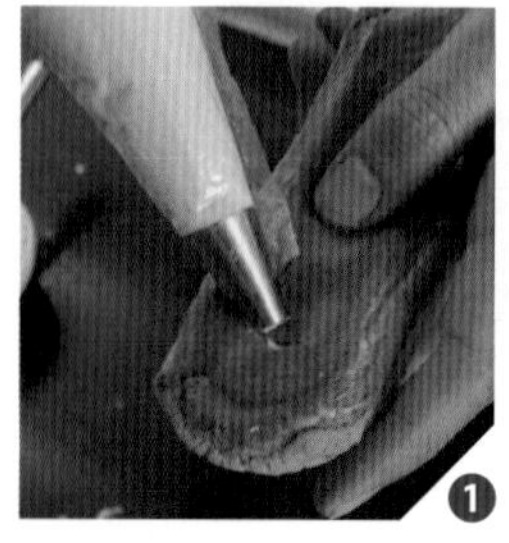
1

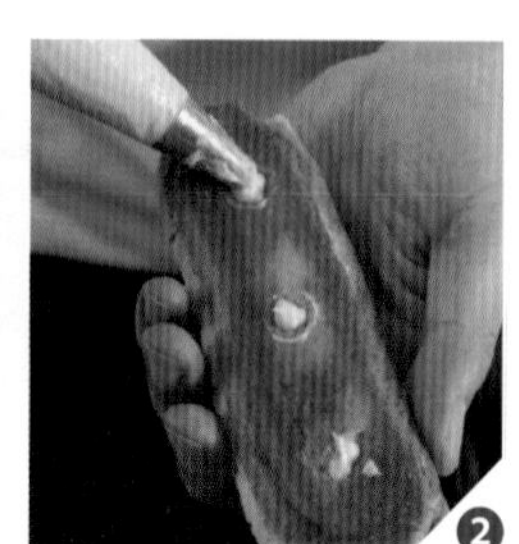
2

视觉与口感的多层次享受

柳橙巧克力酥顶泡芙

材料

圆形香草酥菠萝泡芙....6颗
柳橙生巧克力馅........... 适量
（做法见第174页）
鲜奶油香缇.................... 适量
防潮糖粉........................ 适量

做法

① 香草酥菠萝泡芙横切。

② 挤入柳橙生巧克力馅在泡芙底部，冷冻定型（图1）。

③ 从冰箱取出柳橙生巧克力已定型的泡芙，以贝壳花嘴挤上鲜奶油香缇（图2）。

④ 酥菠萝顶盖先撒上防潮糖粉，再斜置于顶端即可（图3）。

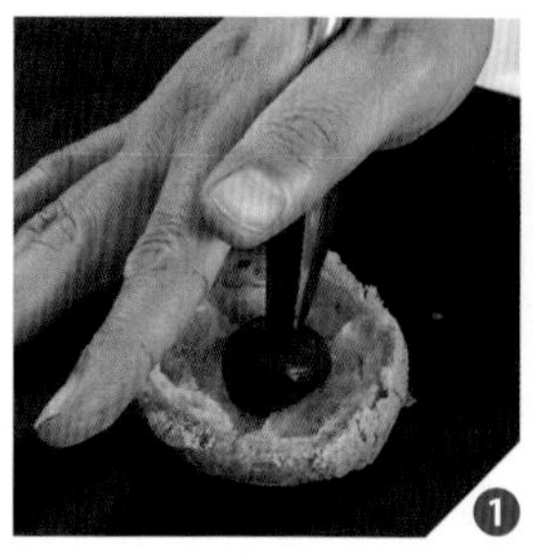
1

2

3

日式风味的西洋甜点

抹茶卡士达酥菠萝泡芙

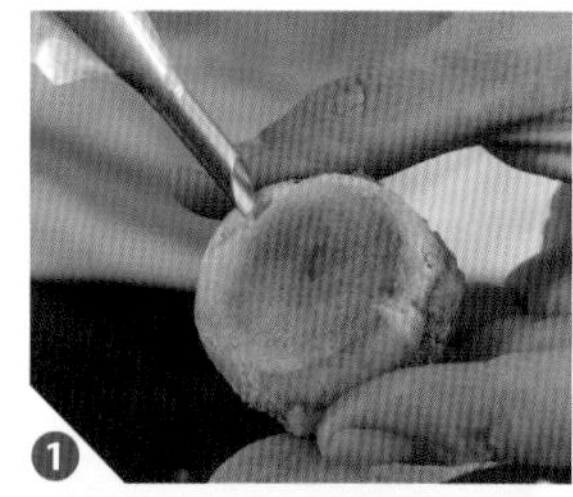

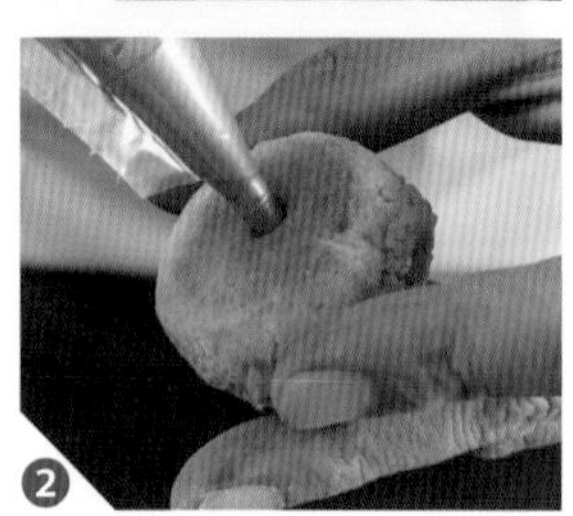

材料

圆形抹茶酥菠萝泡芙.... 6 颗
抹茶卡士达馅............... 适量

做法

① 将泡芙底部以花嘴轻刺出一个洞口（图 1）。

② 以挤花袋将抹茶卡士达馅灌入泡芙（图 2）。

双馅迸发的味蕾震撼

意式抹茶酥菠萝泡芙

材料

圆形抹茶酥菠萝泡芙....6 颗
抹茶卡士达馅.............. 适量
意式奶油霜.................. 适量

做法

① 取大颗圆形的抹茶酥菠萝泡芙，以花嘴在泡芙底部轻刺出一个洞口（图 1）。

② 先将抹茶卡士达馅挤入泡芙，但不要填满（图 2）。

③ 再取义式奶油霜挤花袋，自同一洞口挤入泡芙（图 3）。

提示 **双馅泡芙在挤内馅时，要记得先挤深色，再挤淡色或白色的奶油霜，才不会因混合而感觉不出来双重内馅的不同口感。**

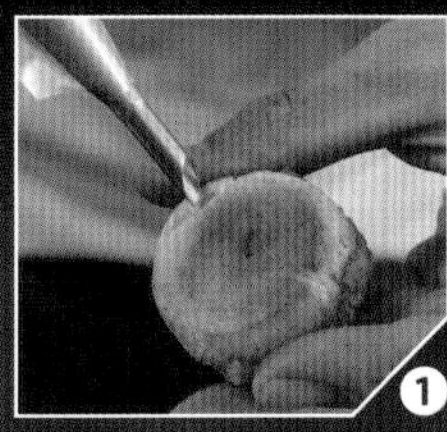
1

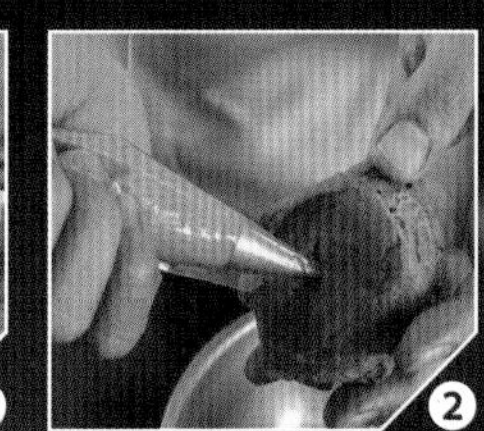
2

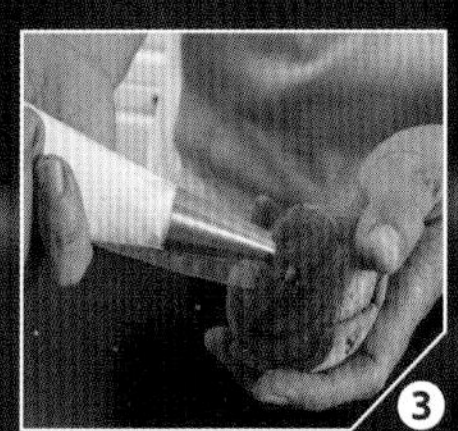
3

馅料与芋头香激荡的火花

蜜芋头抹茶闪电泡芙

材料

长形抹茶酥菠萝泡芙.... 6 颗
抹茶卡士达 .... 适量
蜜芋头丁 .... 适量
法式奶油霜 .... 适量
意式奶油霜 .... 适量
防潮糖粉 .... 适量

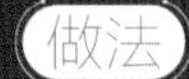

① 取长形抹茶酥菠萝泡芙，横向平切开。

② 先在泡芙底部脆壳部分先挤入抹茶卡士达馅（图 1）。

③ 在抹茶卡士达馅轻铺上蜜芋头丁（图 2）。

提示 **芋头丁 200g 蒸熟后取出，与砂糖 100g 入锅熬煮至入味，即蜜芋头丁。熬煮时不须加水，因为芋头遇糖会出水。**

④ 以两两间隔的方式挤上法式奶油霜与意式奶油霜（图 3、4）。

⑤ 取泡芙顶部脆壳部分切成三角形（图 5），撒上防潮糖粉（图 6）。

⑥ 中间以可可片做装饰（图 7）。

⑦ 最后，将切好的泡芙脆壳摆上奶油霜表层做装饰（图 8）。

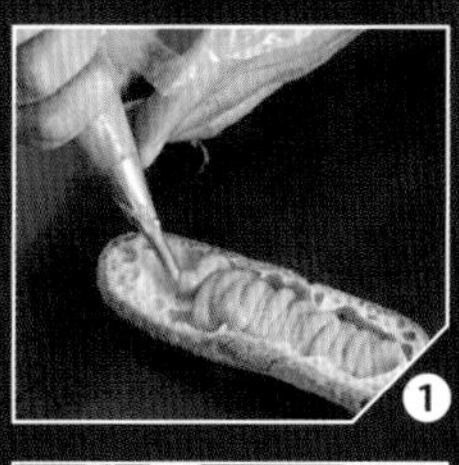
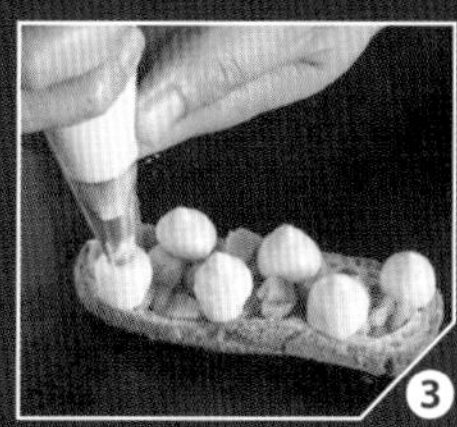
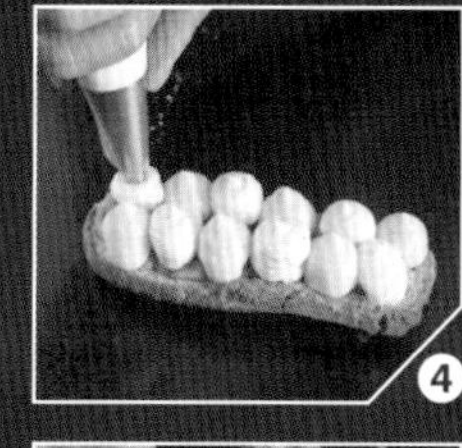

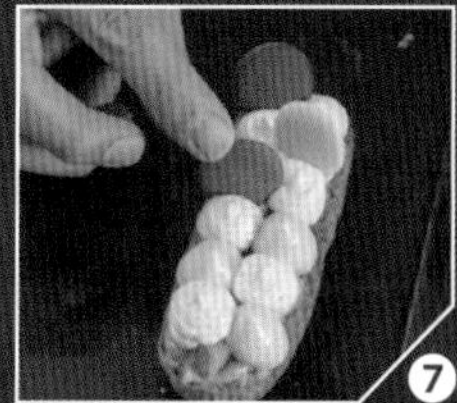
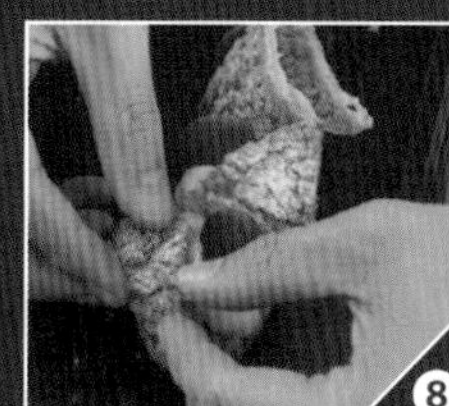

抹茶与蜜红豆是永远的最佳搭档

蜜红豆抹茶闪电泡芙

材料

长形抹茶酥菠萝泡芙.... 6 颗
抹茶生巧克力酱........... 适量
（做法见第 176 页）
蜜红豆........................... 适量
抹茶香缇........................ 适量
防潮糖粉........................ 少许

做法

① 取长形抹茶酥菠萝泡芙，横向平切开。

② 将抹茶生巧克力酱挤满底部，进冰箱冷冻至定型（图 1）。

③ 取出已冰定型的抹茶酥菠萝泡芙，铺上蜜红豆（图 2），用挤花袋搭配 35 号的花嘴，将抹茶香缇挤在抹茶生巧克力酱上（图 3）。

④ 抹茶酥菠萝的顶盖撒上防潮糖粉（图 4）。

⑤ 将抹茶酥菠萝的顶盖轻盖回泡芙（图 5）。

⑥ 在抹茶巧克力酱中插入马林糖（图 6）。

1
2
3
4
5
6

吃一口就能享受到深刻滋味

蓝莓抹茶酥顶泡芙

材料

圆形抹茶酥菠萝泡芙....6颗
抹茶卡士达.................. 适量
英式奶油霜.................. 适量
法式奶油霜.................. 适量
蓝莓.............................. 适量
抹茶奶油霜.................. 适量
防潮糖粉...................... 少许

做法

① 取大圆形的抹茶酥菠萝泡芙，横向平切开（图1）。

② 抹茶卡士达与英式奶油霜以3：1的比例混合均匀（图2、3）。

③ 装入挤花袋，挤入泡芙底部冷藏至定型（图4）。

④ 取出定型的泡芙，在周围以点状方式挤上法式奶油霜（图5）。

⑤ 法式奶油霜的中间排入蓝莓（图6）。

⑥ 挤上抹茶奶油霜，再将酥菠萝顶斜盖回（图7、8）。

⑦ 抹茶泡芙的顶盖撒上防潮糖粉（图9）。

提示 我们把酥顶斜盖的装饰手法叫做“chapeau”，是法文“帽子”的意思。很简单的小技巧，却能大大提升手工甜点的质感。

品尝咖啡与卡士达的甜润

咖啡卡士达酥菠萝泡芙

（材料）

圆形咖啡酥菠萝泡芙.... 6 颗
咖啡卡士达馅.............. 适量

（做法）

① 将泡芙底部以花嘴轻刺出一个洞口。

② 以挤花袋将咖啡卡士达馅灌入泡芙。

专卖店才能尝到的美味

抹茶巧克力酥顶泡芙

（材料）

圆形咖啡酥菠萝泡芙.... 6 颗
抹茶生巧克力酱........... 适量
（做法见第 176 页）
鲜奶油香缇................... 适量
防潮糖粉....................... 少许

（做法）

①取长形咖啡酥菠萝泡芙，横向平切开。

② 挤入抹茶生巧克力酱在泡芙底部（图 1）。

③ 沿泡芙边缘挤上鲜奶油香缇，放入冰箱冷冻至定型（图 2）。

④ 取出定型的泡芙，盖上酥顶，撒上防潮糖粉即可（图 3）。

咖啡搭配内馅也能有清爽风味

鲜奶油香缇咖啡闪电泡芙

材料

长形咖啡酥菠萝泡芙.... 6 颗
咖啡卡士达馅 .... 适量
鲜奶油香缇 .... 适量
防潮糖粉 .... 少许

做法

① 取長形咖啡酥菠萝泡芙，横向平切开。

② 將咖啡卡士达挤满咖啡酥菠萝底部。

③ 沿泡芙边缘挤上鲜奶油香缇，放入冰箱冷冻至定型（图 1、2）。

④ 取出定型的泡芙，盖上酥顶，撒上防潮糖粉（图 3）。

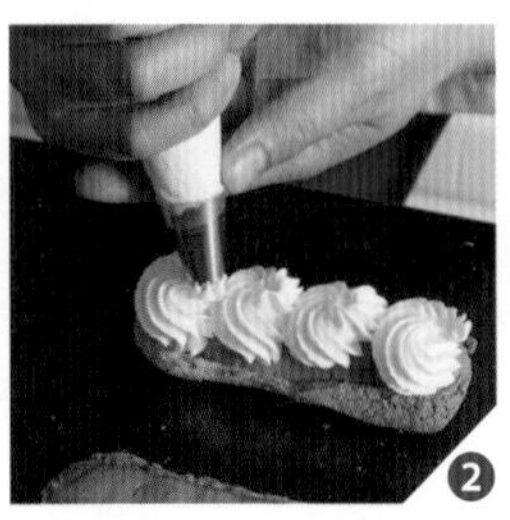

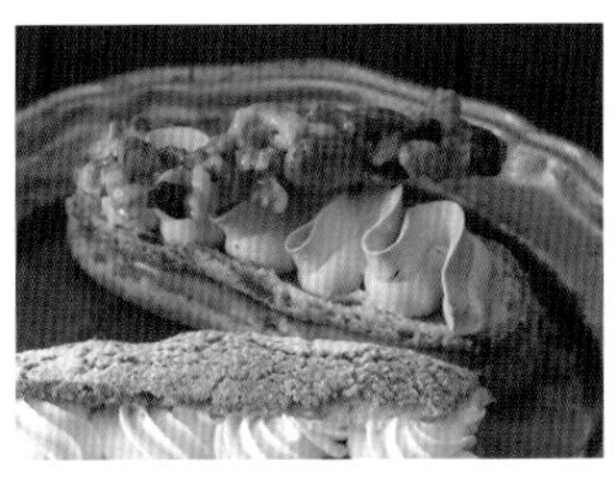

在意大利遇见和风美味

意式抹茶咖啡闪电泡芙

材料

长形咖啡酥菠萝泡芙....6颗
咖啡卡士达馅..............适量
意式抹茶奶油霜..........适量
糖坚果..........................适量

做法

① 将糖坚果摆在不沾布上定型（图1、2），而后送入冰箱冰硬。

② 取长形咖啡酥菠萝泡芙，横向平切开。

③ 将咖啡卡士达挤满咖啡酥菠萝底部（图3）。

④ 将菠萝泡芙顶盖反盖在咖啡卡士达上（图4）。

⑤ 用平花嘴在顶盖挤上意式抹茶奶油霜（图5）。

⑥最后用冰硬定型的长条糖坚果做装饰（图6）。

提示 **糖坚果制作方式请参阅第60页。**

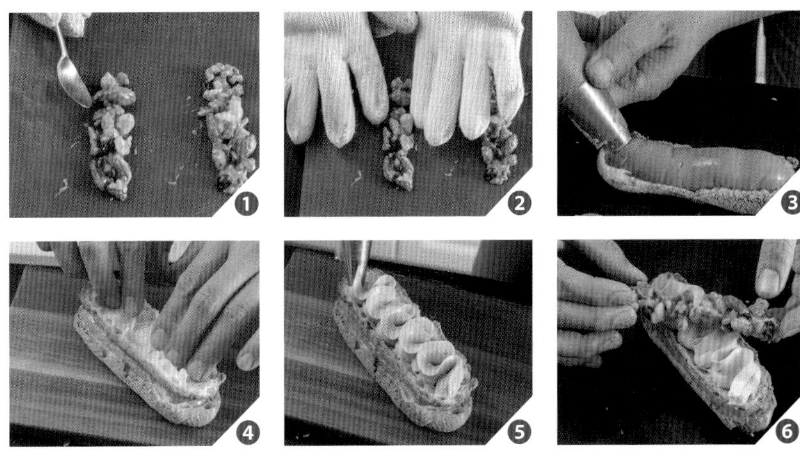

咬一口令人上瘾的滋味

可可卡士达酥菠萝泡芙

(材料)

圆形可可酥菠萝泡芙....6 颗
巧克力卡士达馅.......... 适量

(做法)

① 将泡芙底部以花嘴轻刺出一个洞口。

② 以挤花袋将巧克力卡士达馅灌入泡芙。

充满层次感的大人口味

可可三重奏闪电泡芙

(材料)

长形可可酥菠萝泡芙....6 颗
生巧克力酱.................. 适量
抹茶生巧克力酱.......... 适量
（做法见第 176 页）
巧克力卡士达.............. 适量
可可粉.......................... 少许

(做法)

① 取长形可可酥菠萝泡芙，横向平切开。

② 可可酥菠萝泡芙底部纵向一半挤入一条生巧克力酱（图1）。

③ 另一半挤入抹茶巧克力酱（图 2），放入冰箱冷藏定型。

④ 取出定型后的泡芙，挤上巧克力卡士达，再入冰箱冷藏定型（图 3）。

⑤ 在可可酥菠萝泡芙顶部撒上可可粉（图 4）。

⑥ 将酥顶轻轻斜放在挤上料的可可酥菠萝泡芙上即可（图5）。

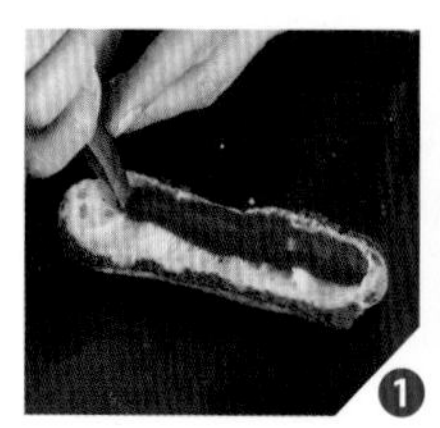
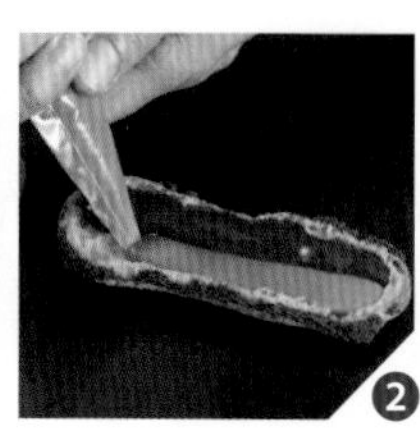

视觉、风味与口感一次满足

焦糖夏威夷豆闪电泡芙

材料

长形可可酥菠萝泡芙....6 颗
生巧克力酱.................... 适量
抹茶生巧克力酱........... 适量
（做法见第 176 页）
巧克力卡士达............... 适量
可可粉............................ 少许

做法

① 取长形可可酥菠萝泡芙，横向平切开。

② 可可酥菠萝泡芙底部挤入生巧克力酱与抹茶巧克力酱，放入冰箱冷藏定型（图 1）。

③ 取出定型后的泡芙，挤上巧克力卡士达，再入冰箱冷藏定型（图 2）。

④ 再度将定型后的泡芙取出，摆上焦糖夏威夷豆。

⑤ 将泡芙酥顶撒上可可粉（图 3）。

⑥ 酥顶切大碎块，模拟木柴的造型，斜插在表面即可。

第 3 章

派

Quiche

食材天然、口味多变的咸甜派，
一直是欧美点心中占有一席之地的美食。
烤得酥香的派皮，倒入滑顺不腻口的蛋液，
配上各式或咸或甜的食材，
夏天是简单又容易入口的一餐，
冬天是暖心又暖胃的最佳选择。

咸甜派百变的样貌，
有时可以是经典款美女，
有时也可以是走在流行尖端的时尚名模，
口味变换之多，保证让你百尝不厌。

咸甜派 9 个重点

一般常见的派，有的是先将生派皮盲烤后，加上熟内馅；
有的是半熟派皮，加上生内馅，再经过二次烘烤后，产生不同风味；
另外，也有生派皮加上生内馅的组合。

派主要由派皮和馅组成。本章为甜派设计了 9 种基础馅；咸派则以蛋液为基础馅，本章除了设计了基础、清爽两种口感的蛋液之外，还搭配了红椒粉蛋液与墨鱼粉蛋液，让大家可以做出不同风味的派。

烤焙方式上，另外设计了无须二次烤焙的使用熟馅的方法。在炎热的夏天里，这样的派绝对是一道快速又清爽的餐点。

一般派烘焙的变化有三种，本书将介绍前两种：

· 生派皮盲烤 + 熟内馅：分别烤焙派皮与内馅后再组装。
· 半熟派皮 + 生内馅：二次烤焙，用不同风味。
· 生派皮 + 生内馅：内馅灌入派皮中再烤焙。

1 先放进冰箱冷藏松弛

本书中的派皮做法，都是先将奶油切成小丁，然后与高筋面粉、低筋面粉、盐、细砂糖混合均匀，呈沙粒状，再慢慢把冷水或蛋黄等液体材料加入。派皮制作好后，先放进冰箱冷藏松弛2~3小时，就可以准备进入捏制派皮的步骤。

2 使用已烘烤干的豆子来盲烤

将派皮捏制到派模时，还要再放入冷冻室松弛30~60分钟。接下来，就可以放入油力士纸，装入重石或烘烤干的豆子，进行盲烤的作业。老师这次是使用已烘烤干的豆子来盲烤，主要是因为重石可能太重，会造成派皮出油，影响成品的口感和外形。

3 尽量减低温度对面团性质的影响

派皮的制作过程中，若温度太高会导致面团难操作，所以面团都要在制作前才从冷藏室取出，制作时，也要尽量减少手掌接触面团的次数。

4 六个小圆派适合全家一次享用

本书设计的派皮材料量，约能做出6个8cm的圆派，十分适合小家庭一同享用，操作上也不会让初学者感到吃力。

5 高低筋面粉混合，派皮口感多层次

派皮若只用高筋面粉，烤焙后具有层次感，但口感偏硬；低筋面粉则会显得过酥，而失去层次感；若直接用中筋面粉，则会偏软。本书中的派皮以高筋面粉混合低筋面粉，让派皮不但酥松，同时又保有脆的口感。

派皮的粉类还有一个选择，就是以10%的全麦粉取代同等量的面粉，除了较为健康外，派皮吃起来的口感也会显得较粗犷。

6 发酵奶油增添淡淡酸奶香气

无盐黄油通常是做派皮的第一选择，也有人使用无水奶油取代，但效果不及无盐黄油。本书中的无盐黄油均使用发酵黄油。发酵黄油在制作的过程中，加入了乳酸菌，所以面团会散发淡淡的酸奶香气。

7 其他材料有画龙点睛的效果

朗姆酒：加入朗姆酒的派皮会降低面筋形成的机率又增加酥脆感，而且烘烤后并不会产生任何酒味，只是成本较高。

蛋黄：由于蛋黄含有油脂，可以抑制出筋，所以蛋黄要比液体材料先放入与粉类材料一同搅拌。

动物性稀奶油：制作蛋液时要特别注意，如果使用的稀奶油不够新鲜会产生酸化的现象，导致制作出来的咸派出水走味。

8 随时根据面团状况调整操作

一开始慢速搅拌，目的是要让粉粒的外表被奶油包裹住，如此倒入液体材料时，面团才不会出筋，也不会升温太快。

如果水加得太快或太早，都会使面团出筋，所以要分段加，视面粉的吸水程度和速度来调整。

如果倒入液体材料后，派皮没有呈沙粒状而是成团，表示黄油的温度过高。

9 按压面团时请使用手指不要用手掌

搅拌好的面团装入袋中，按压到厚度约1cm。按压时请使用手指而不要用手掌，且应避免按压太多次或按压太久，以免面团因为升温而出筋，使得派皮烘烤后收缩。此外，也可以用铁盘平压面团，避免面团因手温度而变热。

放入塑料袋中的面团可压平呈长方形，以方便以后捏制，压完的面团应该呈现“不均匀”的状态。

派皮

这次设计的派皮有三种：基础咸派派皮、朗姆酒咸派派皮以及甜派派皮。
咸派的蛋液又分基础版与清爽版，只要运用这二款蛋液，
加上不同的调味，就能变化出多种风味。

材料

基础咸派派皮

可做派皮：
直径 8cm，6 个
（60~70 克 / 个）

❶ 高筋面粉 100g
❷ 低筋面粉 100g
❸ 盐 4g
❹ 细砂糖 4g
❺ 无盐黄油 100g
❻ 蛋黄 20g
❼ 冰水 40g

做法

揉制面团

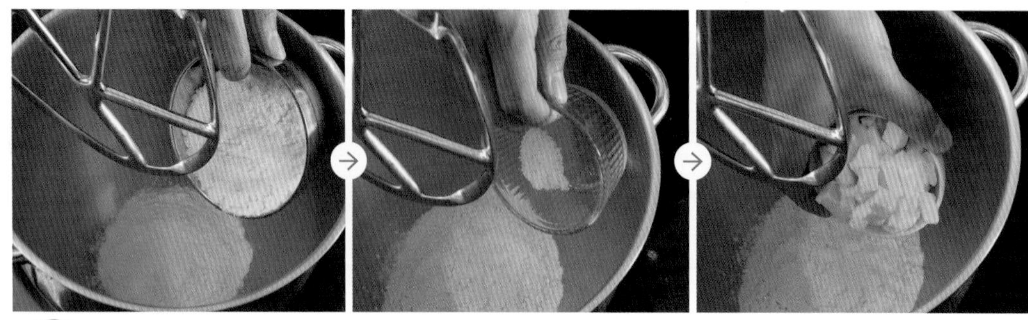

① 将高、低筋面粉，盐、细砂糖、无盐黄油，依序加入搅拌缸。

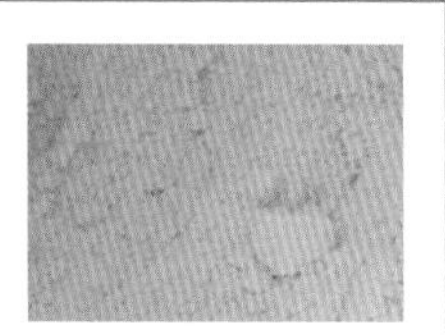

提示 要特别注意，这个步骤并不是打成团。

② 低速搅拌至呈沙粒状。

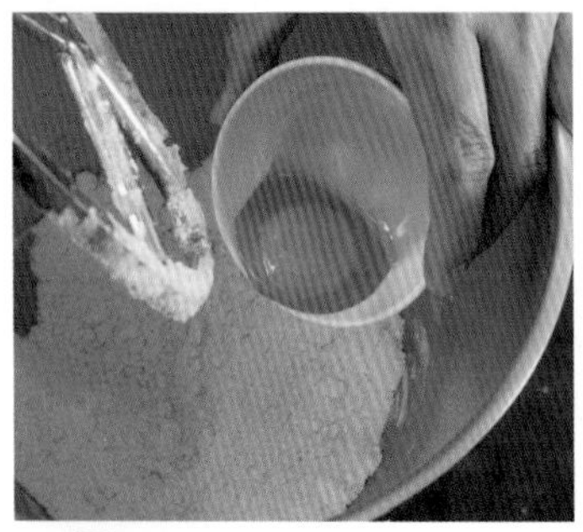

③ 加入蛋黄。

提示 **在这里先把蛋黄加入，比较不会出筋。**

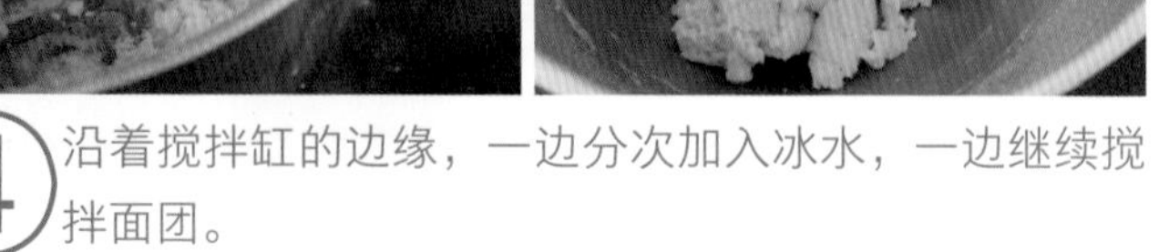

④ 沿着搅拌缸的边缘，一边分次加入冰水，一边继续搅拌面团。

提示 **每次倒入水的流速不能太慢，也不能看到缸盆边有水。**

做法

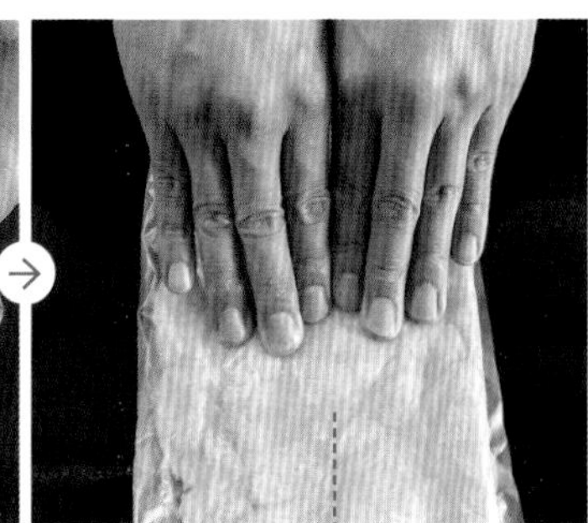

5 将面团装入塑料袋中，压到厚度约 1cm 的长方形，以方便分割。记得，压完的面团表面应该呈现“不均匀”的状态。

提示 担心手的温度影响面团状态的话，可以用不锈钢盘按压。

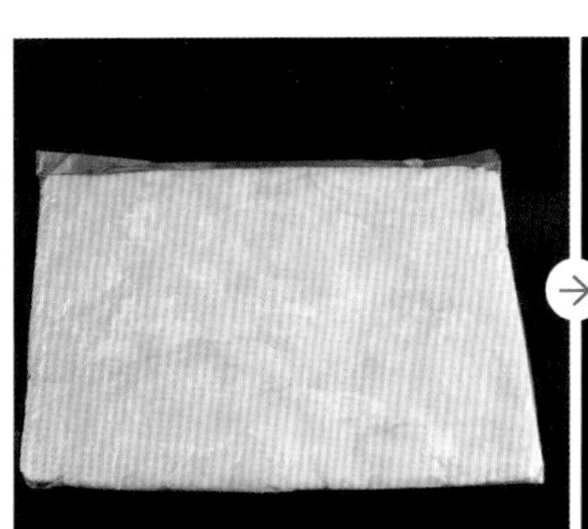
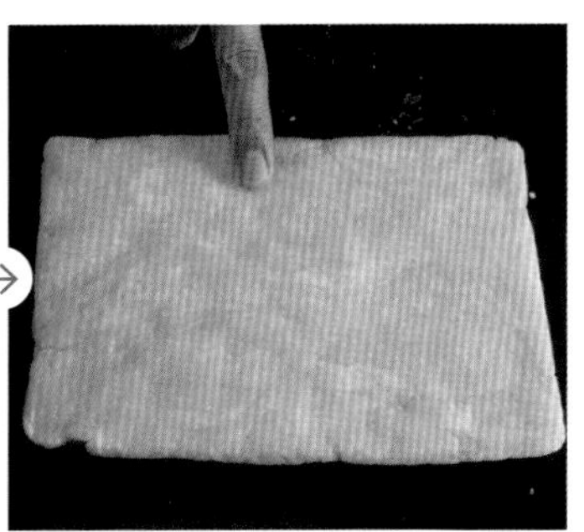

6 放入冷藏松弛 2~3 小时（亦可隔夜）后，再取出进行捏制。

派皮捏制

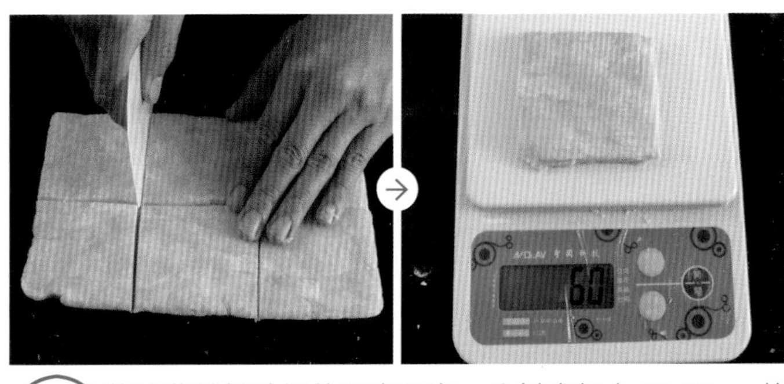

1 将冷藏并松弛好的派皮取出，分割成每个 60~70g，共 6 块。

②先在工作桌面上撒上薄粉。

③在分割好的派皮上方撒薄粉，用擀面棍将分割好的派皮敲平。

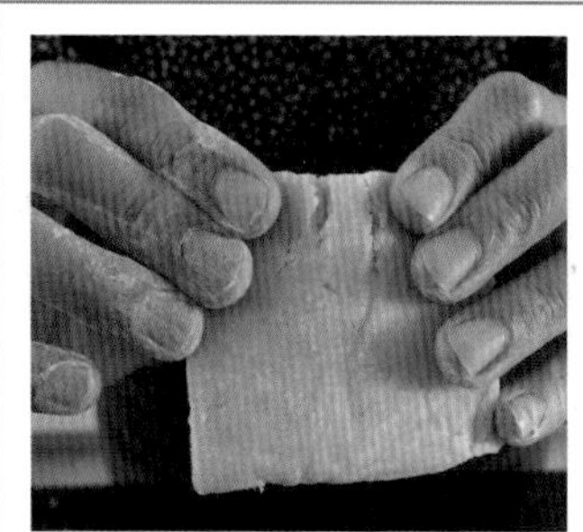

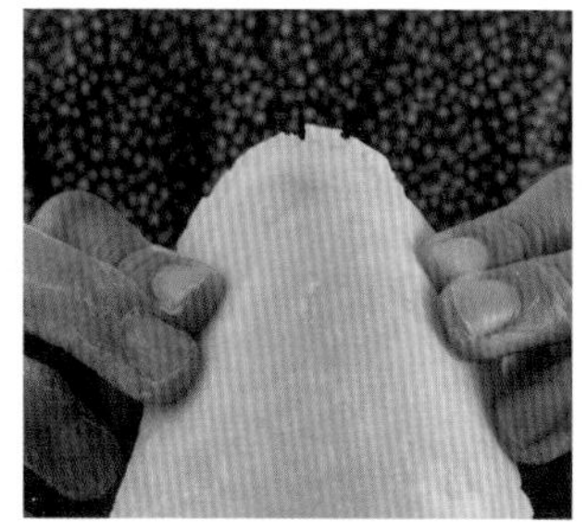

提示 敲平派皮是为了软化油脂，让面皮具有柔软性，方便待会儿铺入派模。一定要尽量避免用手，那样会导致面团升温出筋。

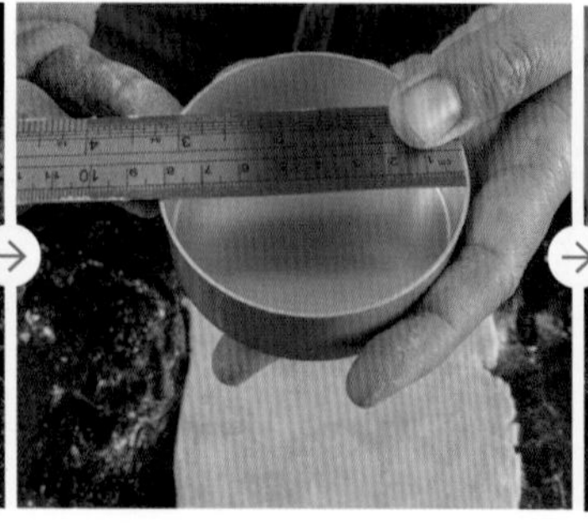

④取派模放在派皮中间丈量，模直径为 8cm，那么派皮擀成边长约 12cm。

做法

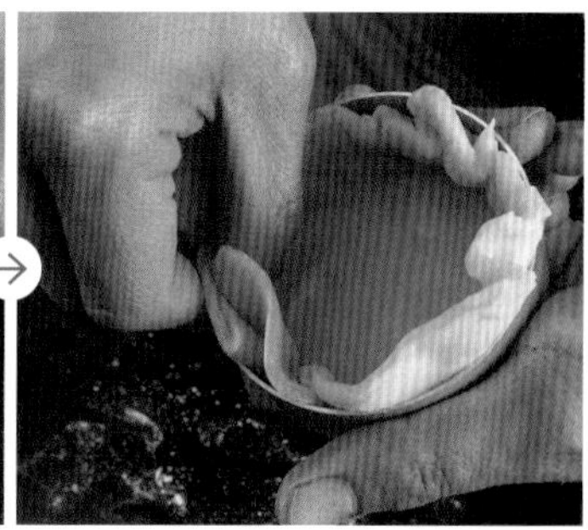

5 沿着派模的边缘铺入派皮，轻压底部，大拇指往侧缘压贴。

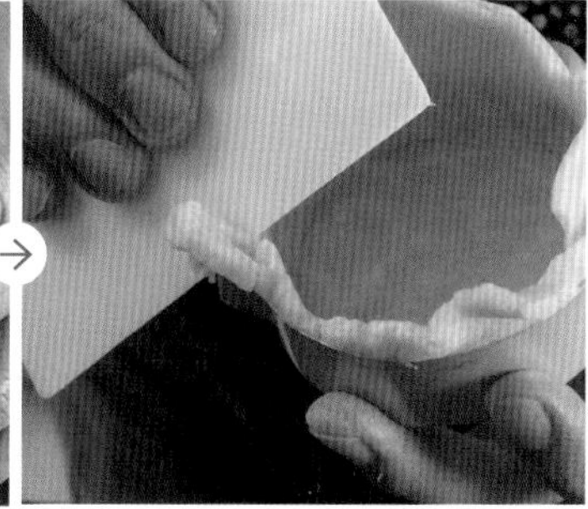

提示 多余的派皮可搜集起来做披萨，或英式肉派、英式鲜鱼派。

6 以刮刀削去多出的派皮。

7 派皮的厚度约为 0.3~0.4cm。捏制派皮边缘时，须比塔模再高一点，以预留回缩的空间。将派皮放进冷冻库 30 分钟以上或隔夜最佳。

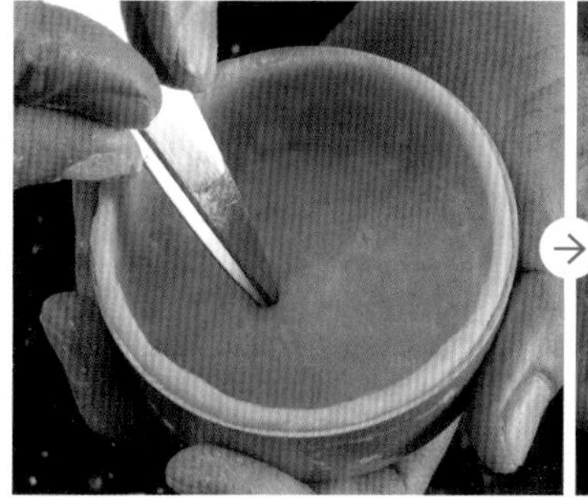
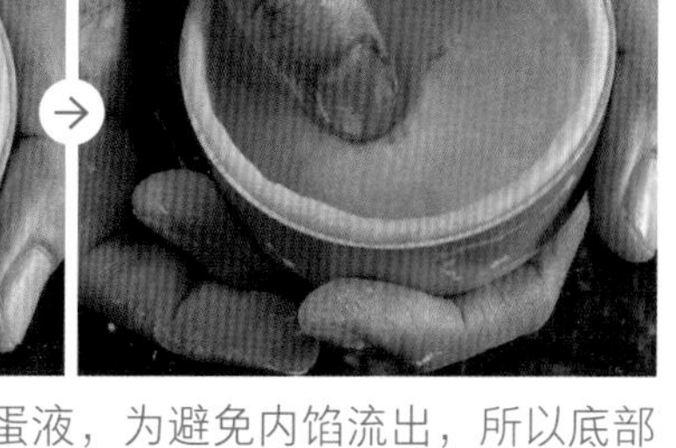

8 这次派馅是要倒入蛋液，为避免内馅流出，所以底部无须戳洞。但如果压派皮入模时，底部有空气，则可以先刺小洞排出空气后，再回填派皮补满。

材料

朗姆酒咸派皮

可做派皮：直径 8cm，6 个（60~70 克 / 个）

❶ 无盐黄油 100g
❷ 高筋面粉 100g
❸ 低筋面粉 100g
❹ 盐 4g
❺ 细砂糖 4g
❻ 冰水 25g
❼ 朗姆酒 30g

做法

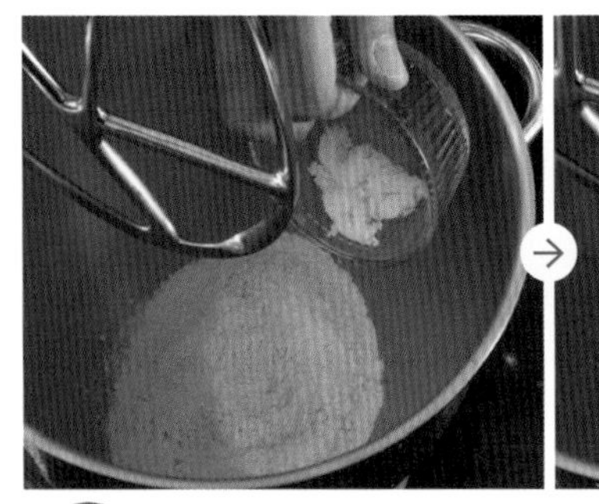

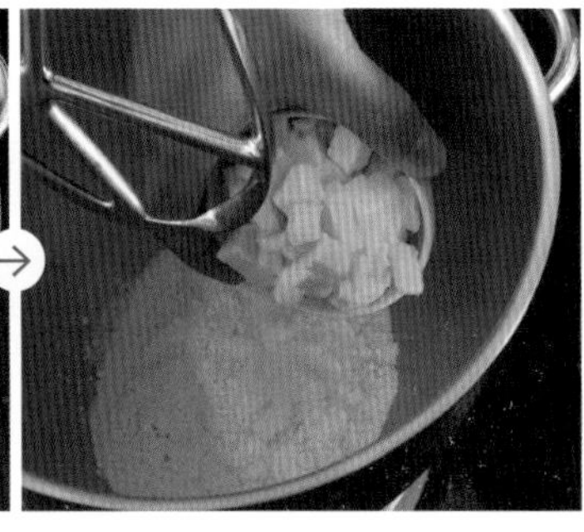

1 将高、低筋面粉，盐、细砂糖、无盐黄油，依序加入搅拌缸，低速搅拌至呈沙粒状。

2 将朗姆酒与冰水倒在一起，并分次加入搅拌缸中搅拌。

提示 朗姆酒咸派皮相较基础派皮多了朗姆酒，少了蛋黄。准备材料时，可以将液体材料倒在同一容器中，再一并分次倒入搅拌缸。

提示 朗姆酒咸派皮的成本较高，但在家庭烘焙时，却最容易成功，初次尝试做派的人不妨考虑由这个派皮下手。

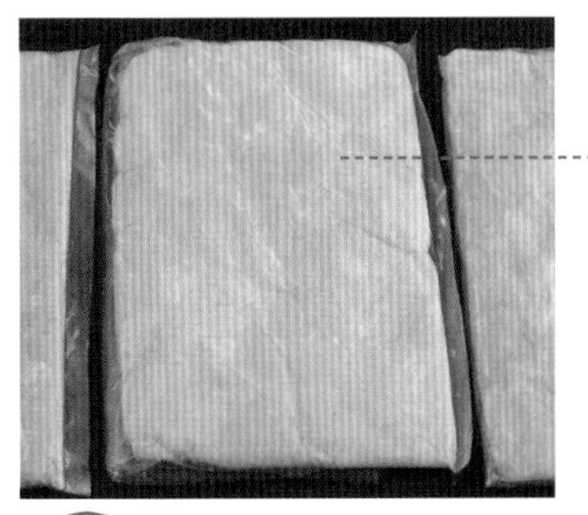

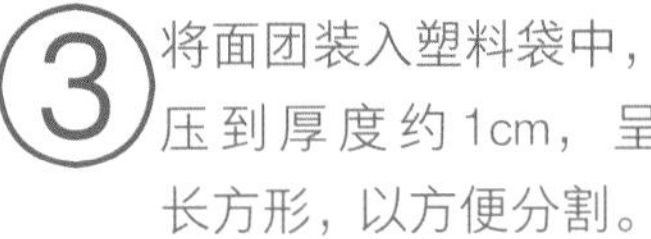

3 将面团装入塑料袋中，压到厚度约1cm，呈长方形，以方便分割。

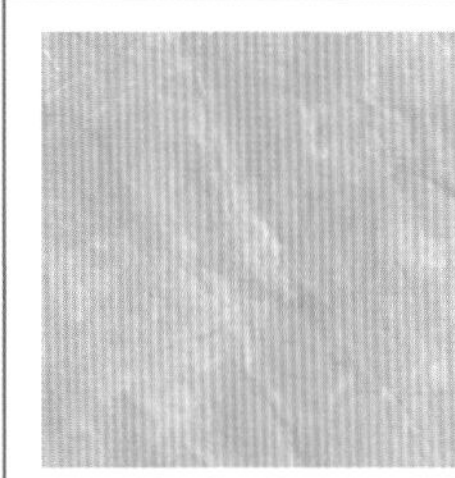

提示 记得，压完的面团表面应该呈现“不均匀”的状态。放入冷藏室松弛2~3小时（亦可隔夜），再取出用于捏制。

关于派皮的份量掌握

派皮擀成长方形后冷藏松弛，就非常方便在捏制前分割。分割时，可以先以目测的方式切成均等的6块，再逐一称重调整，这样做除了速度较快以外，也能保持派皮形状的完整。

如何擀皮不变形?

先在派皮前后约1cm处，各压出一个凹槽，再由中间往上下擀开；转90度，用相同方式，先压出凹槽再擀开，就可以做出一个非常工整的派皮。
而如果捏制派皮的速度比较慢，可以把剩余的派皮先放在冰箱，以免派皮回温变软而不好操作。

甜派派皮

材料

可做派皮：直径 8cm，6 个（60~70 克 / 个）

❶ 高筋面粉................. 125g
❷ 低筋面粉................. 125g
❸ 盐................................. 3g
❹ 细砂糖........................ 10g
❺ 无盐黄油................. 100g
❻ 蛋黄............................ 10g
❼ 鲜奶............................ 30g
❽ 苹果醋.......................... 5g

做法

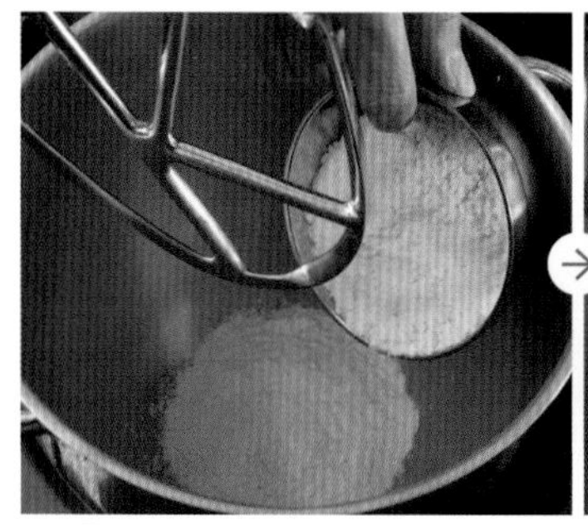
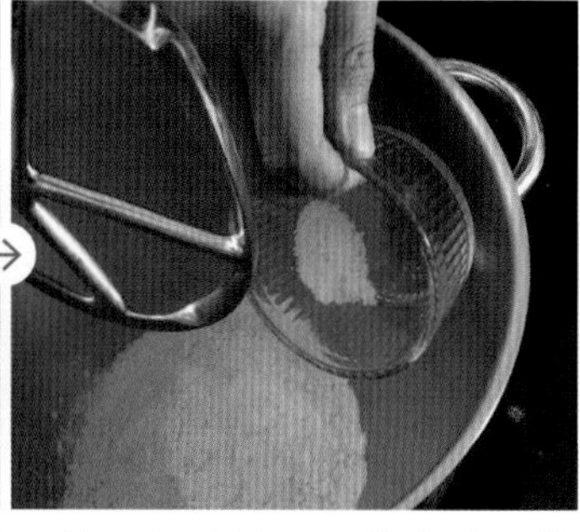

1 将高筋面粉、低筋面粉、盐、细砂糖、无盐黄油，依序加入搅拌缸，低速搅拌呈沙粒状。

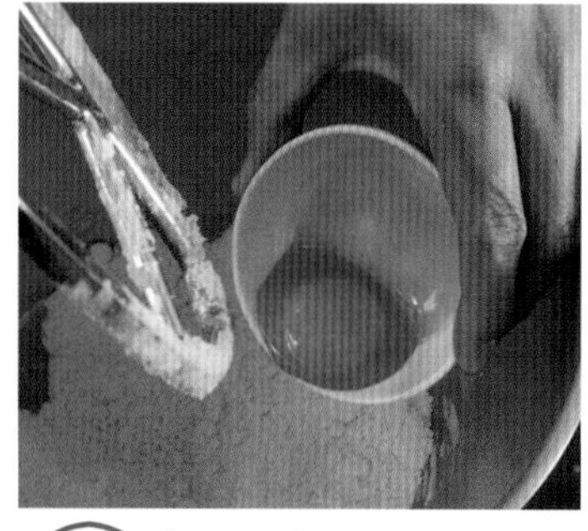

2 加入蛋黄。

提示 **在这里先把蛋黄加入，比较不会出筋。**

3 分次加入冰鲜奶及苹果醋，每次倒入液体的流速不能太慢。如果想要软一点，可以再加10g左右的鲜奶，慢慢调整。

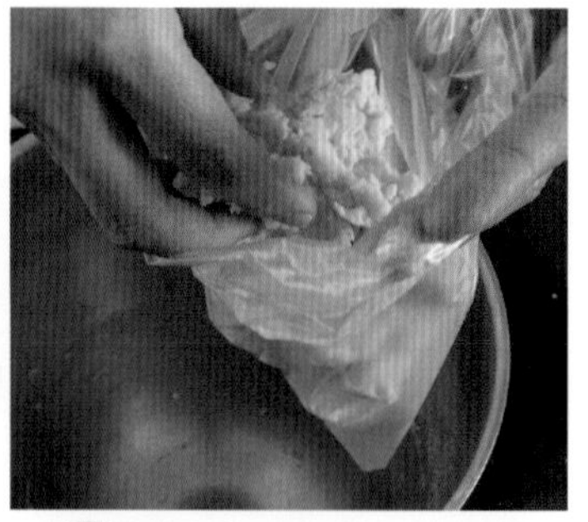

4 将面团装入塑料袋中，压成厚度约1cm的长方形，以方便分割。压完的面团表面应该呈现“不均匀”的状态。

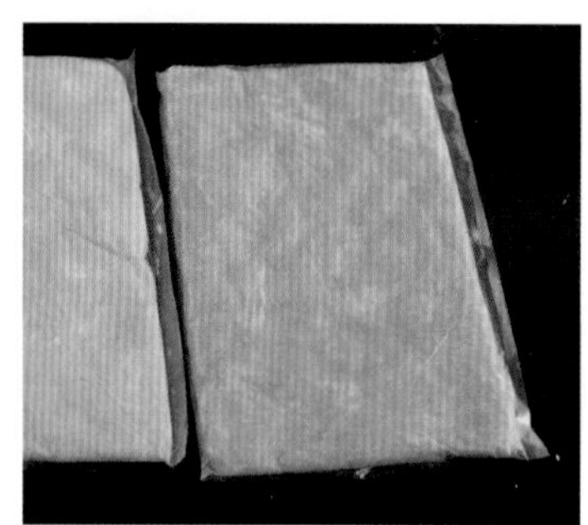

5 放入冷藏松弛 2~3 小时（亦可隔夜），再取出捏制。

甜派皮增加风味的小秘密

甜派派皮材料中的苹果醋，作用在于减少派皮面团的筋性，也可以用朗姆酒或少许柠檬汁替代。

配方中的液态材料——苹果醋和鲜奶，可以同时快速加入，但准备时一定要分开称，因为鲜奶遇到醋 10 秒内就会立刻产生“变性凝固”；而朗姆酒则可以先用水稀释，所以在称材料时，可以称在同一容器中，再同时加入。

甜派派皮以鲜奶取代水，来增加派皮的奶香味。由于配方中的粉类较多，如果希望甜派派皮稍软一些，也可以在配方外微增 10g 的鲜奶。但要注意的是，派皮如果太软，也会不好操作。

为了甜派的派皮与内馅滋味能更融合，甜派配方中使用的细砂糖较多，此外，其中的苹果醋也可以用朗姆酒或柠檬汁替代。

如果临时没有鲜奶，可以用酸奶油或酸奶取代，风味相去不大。

咸派蛋液 4 个重点

本书的咸派蛋液有二种配方，一种是基本款的，另一种是口感较为清爽的，差别之处在于清爽款的材料中使用了浓缩鲜奶，取代基础款中的一部分的动物性稀奶油。

在蛋液配方中，使用浓缩鲜奶取代一部分动物性稀奶油，可让蛋液较为清爽。除了浓缩鲜奶，也可以用鲜奶等量替代，因为它们都是属于液体材料，只是风味不同。但绝对不能加入酸性材料，例如：酸奶、酸奶油等，酸性材料会使蛋液分离而导致失败；另外，也建议不要使用低脂牛乳。

调好后的蛋液可放冷藏两天。

1 食用调理粉做出咸派蛋液变化

想要做出咸派蛋液的变化，可加西红柿粉、红椒粉、咖喱粉、红曲粉、姜黄粉、墨鱼粉等，让咸派搭上内馅后的色彩呈现更为缤纷。如果是用咖喱粉调出的蛋液配方，建议在处理半熟食材时，先将食材以咖喱粉腌过，食材烤焙后才能与咖喱蛋液的味道更为融合。

2 可在蛋液中加入些许盐

咸派的材料都已经有稍微调味过，可以在蛋液中加入些许盐，无须太多，盐只是拿来凝结材料。如果想要增添咸味，可以在材料之外，另外撒些帕玛森芝士。

若想要蛋液具有层次感，可以加入豆蔻、鼠尾草、意式香料等。但千万不能放酸性材料，如柠檬汁、酸奶、酸奶油、醋等，它们会与蛋液中的稀奶油发生“变性凝固”。

3 墨鱼粉蛋液适合搭配海鲜食材

在原本的咸派蛋液中，加入适量的墨鱼粉，搅拌均匀后过筛，就成为墨鱼口味的咸派蛋液。因为原味的咸派蛋液含有奶的成分，所以加入墨鱼粉后，调出来的色泽并不会很黑。

为显露出墨鱼粉蛋液的特殊色泽，这系列的配方就不会在蛋液表层放大量奶酪丝。墨鱼口味的酱汁，非常适合搭配海鲜食材，风味十分融合。

4 红椒粉蛋液适合搭配肉类与蔬菜食材

在原本的咸派蛋液中，加入适量的红椒粉，搅拌均匀，就成为另一款调味蛋液。这款红椒粉口味的酱汁，非常适合搭配肉类与蔬菜食材，可以提出肉类与蔬菜的鲜甜，色泽也很亮眼。

咸派蛋液

如果想把咸派蛋液做出变化，
可加西红柿粉、红椒粉、咖喱粉、红曲粉，
让咸派搭上内馅后的色彩呈现更缤纷，但无须添加太多。

材料

基础咸派蛋液

适用派皮份量：
直径 8cm，6 个
（60~70 克 / 个）

❶ 蛋黄 100g
❷ 鸡蛋 50g
❸ 盐 3g
❹ 白胡椒 1g
❺ 动物性稀奶油......... 500g

做法

① 取一调理盆，将鸡蛋与蛋黄搅拌均匀。

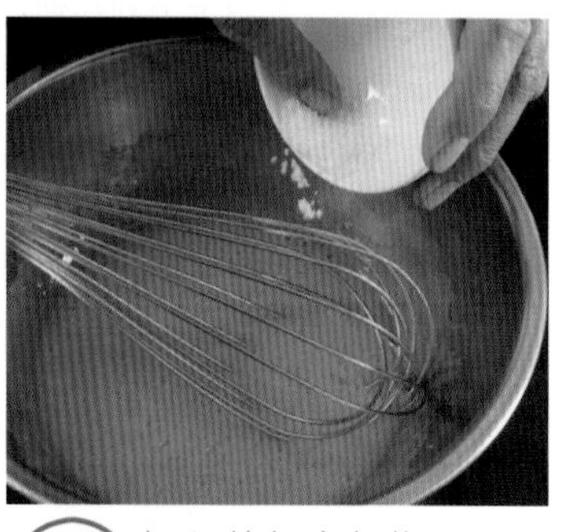

② 加入盐与白胡椒。

③ 倒入动物性稀奶油搅拌均匀即可。

提示 **若想要蛋液有层次感，不妨加入豆蔻、鼠尾草、意式香料等，也可以加入些许帕玛森芝士。但千万不能放酸性材料，否则会造成乳脂凝固，油水分离。**

材料

清爽咸派蛋液

适用派皮份量：
直径 8cm，6 个
（60~70 克 / 个）

❶ 蛋黄 150g
❷ 盐 3g
❸ 黑胡椒 2g
❹ 动物性稀奶油.......... 250g
❺ 白美娜浓缩鲜奶...... 250g

做法

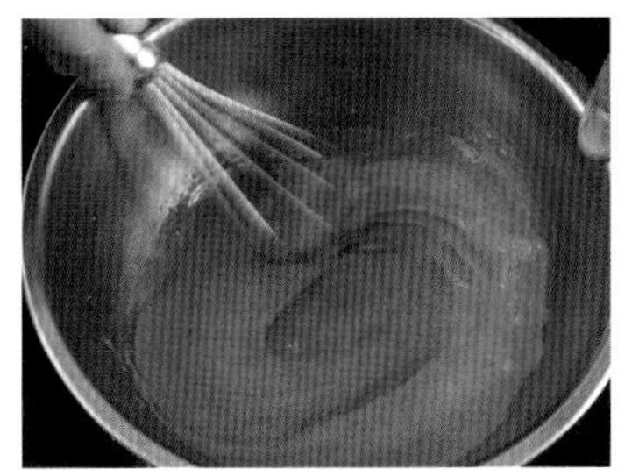

① 取一调理盆，将鸡蛋与蛋黄搅拌均匀。

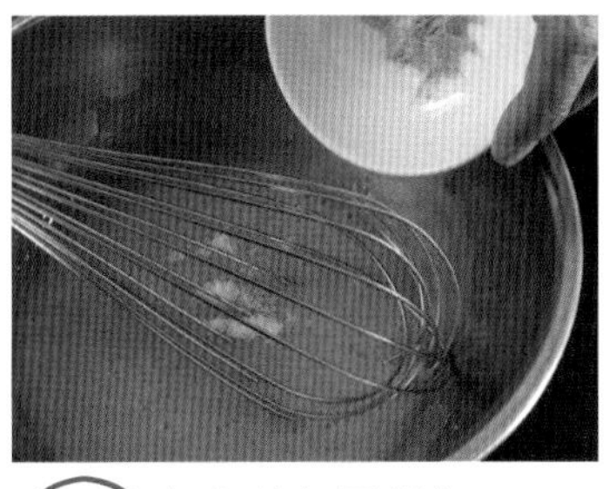

② 加入盐与黑胡椒。

③ 倒入动物性稀奶油与浓缩鲜奶搅拌均匀。

蛋液里的关键调味

蛋液里很重要的一样调味品“盐”，较常使用的大约是下列几种：

湖盐
是由内陆湖干涸取得的盐，最干净又新鲜。

岩盐
因铁质氧化而产生自然的微红色泽。

马其顿海盐
大块的细晶盐，又称金字塔盐，盐味较重。也可以用粗粒地中海海盐，或粗粒海盐。

松露盐
具有松露的香气。

怎么判断蛋液是否烤熟?

咸派烤焙完摇晃派模时，表面会呈现半凝固的状态，无须担心不够熟，因为取出烤箱后，余温会让它内部继续熟透。但如果内馅填入容易出水的食材，则需要拉长烘烤时间。若取出烤箱后发现蛋液不足，导致表面的材料没浸到蛋液而显生，只要微量回填蛋液，再进炉加烤即可。

咸派“半熟派皮”食谱

“半熟派皮”指的就是单纯的烤好的派皮，因为向其中放入馅料之后，还要进行二次烘烤，所以我们称它为“半熟派皮”。

而“熟派皮”是向“半熟派皮”内放入内馅的基底——蛋液，再次烘烤而成。“熟派皮”使用时只要从冰箱里拿出，在内部直接加上已料理好的食物，就可以开吃。

半熟派皮再度烘烤的时间通常不会太长，以免派皮过熟而失去风味，所以咸派的内馅材料都需要先处理至半熟。放入派皮时，各项食材须均匀分布，食用时，才能每一口都能尝到各式口味。若想让派吃起来具层次感，也可以将食材以堆叠的方式铺入派皮，产生不同的口感。

在生鲜肉类海鲜的食材处理上，为了使烘烤过的食材不会缩水，建议先腌过，让烤后的食材能与蛋液味道更融合。

将马苏里拉奶酪丝放在派皮蛋液的最上层，可以烤出酥香的芝士层；若放在蛋液与食材上，则有助于食材与蛋液的融合。

本书的配方中，份量都可自行调整，主要是希望大家在操作时，能依喜好自行做出适合自家口味的咸派。

做法

盲烤派皮

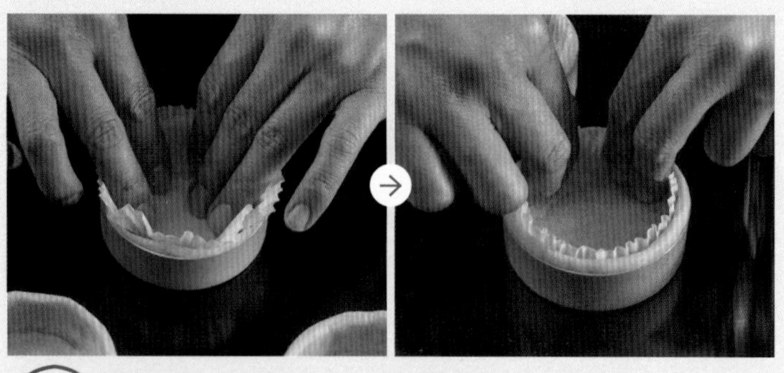

① 将约 12cm 的油力士纸轻微摊开，铺入派皮中。

做法

2 沿着派缘微压油力士纸，以轻贴住派缘，铺入已烘烤干的豆子，八分满。

提示 这里铺烘烤干的豆子而不是选择重石，是为避免重石过重而导致派皮底部出油，影响盲烤后派皮的口感。

3 将烤箱以上火 200℃、下火 200℃预热，烤焙 20~25 分钟。

4 烤完取出油力士纸与烘烤干的豆子，刷上蛋液，再烘烤约 5 分钟即可取出派模放凉备用。

提示 刷蛋液的目的是为了使派底多一层保护，在倒入湿性材料时，不会让派皮太快软化。

口感与饱足感都能获得满足

栗子玉米鸡肉派

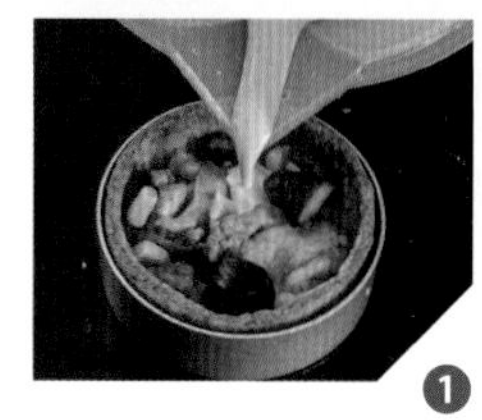

材料

适用派皮份量：
直径 8cm，6 个
（60~70 克 / 个）

去骨鸡腿肉……1 只
奶油……少许
栗子……80g
罐头玉米粒……80g
基础咸派蛋液……适量
马苏里拉奶酪丝……适量

做法

① 栗子洗净后，入锅蒸熟备用。

② 鸡腿肉切 1.5~2cm 小丁，起锅用奶油微煎至五分熟备用。

提示 **也可以买现成熟栗子。另外，由于栗子味道较淡，可以在配方外加少许盐来调味。**

③ 于半熟派皮内均匀依序铺入玉米粒、剥大块蒸熟栗子及鸡腿肉丁，直至派皮七分满。

提示 **亦可使用新鲜玉米粒，以奶油炒熟后使用。**

④ 淋入咸派蛋液至九分满，约略覆盖食材（图 1）。

⑤ 铺上奶酪丝后（图 2），放入已经预热至 200℃的烤箱，烤焙时间 10~15 分钟即可。

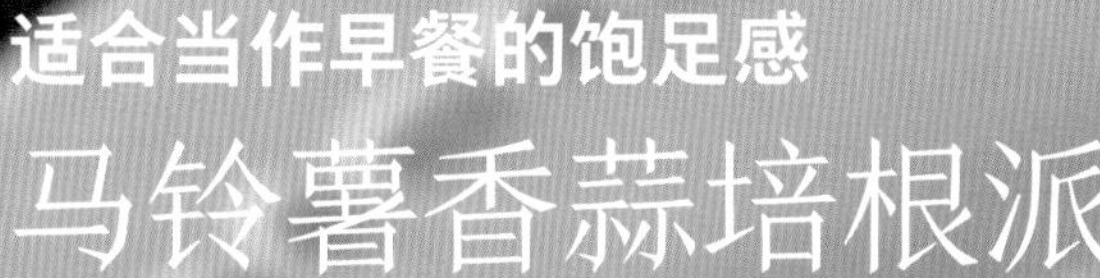

适合当作早餐的饱足感

马铃薯香蒜培根派

材料

适用派皮份量：
直径 8cm，6 个
（60~70 克 / 个）

马铃薯 .... 2 颗
大蒜 .... 2 颗
培根 .... 6 片
基础咸派蛋液 .... 适量
马苏里拉奶酪丝 .... 适量
黑胡椒 .... 少许

做法

① 马铃薯切小丁后，水煮至半熟；大蒜去皮切末备用。

② 培根片切成长度与派皮直径相当的 8cm。

③ 半熟的马铃薯丁与大蒜末铺满派皮底部，撒上一层奶酪丝。

④ 倒入咸派蛋液至九分满。

⑤ 培根平摆在派皮最上层，放入已经预热至 200℃的烤箱，烤焙时间 10~15 分钟。

⑥ 烤至培根酥熟后即可从烤箱取出，撒上些许黑胡椒，增添烤焙后的香味。

每口都能尝到洋葱的甜

火腿洋葱咸派

（材料）

适用派皮份量：
直径 8cm，6 个
（60~70 克 / 个）

洋葱 .... 1.5 颗
火腿 80g
基础咸派蛋液 .... 适量
马苏里拉奶酪丝 .... 适量

（做法）

① 洋葱去皮后切丝，起锅，用奶油小火炒至焦糖色，取出放凉备用。

② 火腿切细丁备用。

提示 **由于火腿不耐烤，所以不能像培根片一样放在最上层。**

③ 火腿放入派皮底部，铺入适量奶酪丝，再放上炒洋葱丝。

④ 淋入咸派蛋液约八分满，再加入些许炒洋葱丝。

⑤ 放入已经预热至 200℃的烤箱，烤焙 10~15 分钟即可。

色香味俱全的经典款

西红柿培根咸派

（材料）

适用派皮份量：
直径 8cm，6 个
（60~70 克 / 个）

西红柿（中型）......... 1.5 颗
培根 .... 6 片
清爽咸派蛋液 .... 适量
马苏里拉奶酪丝 .... 适量
红椒粉 .... 少许

（做法）

① 西红柿洗净后去蒂切成 0.5cm 厚的片状；培根撕小片备用。

② 派皮底部依序铺上奶酪丝，再放上西红柿片，最后撒上切碎的培根（图 1、2）。

③ 淋入咸蛋液至九分满，表面撒上少许西红柿粉或红椒粉增添色彩与香气（图 3）。

④ 放入已经预热至 200℃的烤箱，烤焙 10~15 分钟即可。

1

2

3

适合当作早餐的饱足感

帕玛森彩椒咸派

（材料）

适用派皮份量：
直径 8cm，6 个
（60~70 克 / 个）

红甜椒 .... 1 颗
黄甜椒 .... 1 颗
清爽咸派蛋液 .... 适量
帕玛森芝士粉 .... 适量

（做法）

① 甜椒洗净后去蒂切丁，填入派皮约七八分满。

② 撒上适量帕玛森芝士粉（图 1）。

③ 淋上咸派蛋液，淋蛋液时从派皮侧边缓缓倒入（图 2），避开芝士粉，以免芝士粉溶解在蛋液中，少了烤焙芝士粉的风味。

④ 放入已经预热至 200℃的烤箱，烤焙 10~15 分钟即可。

蛋液衬托栉瓜的清甜

帕玛森栉瓜咸派

（材料）

适用派皮份量：
直径 8cm，6 个
（60~70 克 / 个）

栉瓜 .... 1 条
清爽咸派蛋液 .... 适量
帕玛森芝士粉 .... 适量

（做法）

① 栉瓜洗净后去蒂切丁，填入派皮约七八分满。

② 撒上适量帕玛森芝士粉。

③ 淋上咸派蛋液，淋蛋液时从派皮侧边缓缓倒入，避开芝士粉，以免芝士粉溶解在蛋液中，少了烤焙芝士粉的风味。

④ 放入已经预热至 200℃的烤箱，烤焙 10~15 分钟即可。

清爽又饱足的一款

南瓜鸡肉咸派

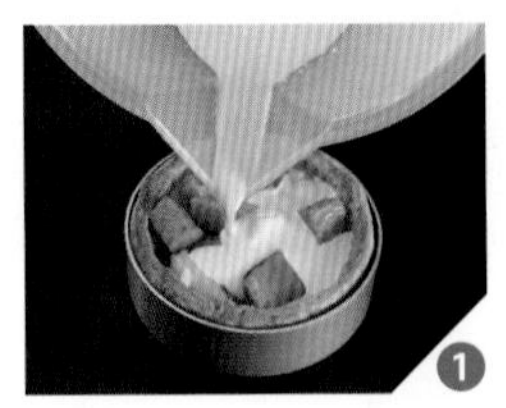

材料

适用派皮份量：
直径 8cm，6 个
（60~70 克 / 个）

鸡胸肉............................150g
盐、白胡椒...................适量
南瓜..............................1/4 颗
清爽咸派蛋液...............适量
马苏里拉奶酪丝...........适量

做法

① 将鸡胸肉切成 1.5~2cm 的小丁状，先以少许的盐、白胡椒和面粉腌过。

② 南瓜切小丁，用盐水烫至半熟。

③ 在派皮底部铺入一层奶酪丝，再放入一层腌过的鸡胸肉，最上层铺汆烫过的南瓜丁。这样堆叠食材的方式，可以产生不同的口感变化。

④ 淋入咸派蛋液至九分满（图 1）。

⑤ 烤箱预热至 200℃，烤焙时间 10~15 分钟。

口福与健康概念满满

综合野菇咸派

材料

适用派皮份量：
直径 8cm，6 个
（60~70 克 / 个）

各式新鲜菇类..............150g
奶油...............................适量
清爽咸派蛋液...............适量
马苏里拉奶酪丝...........适量

做法

① 各式菇类洗净后切小丁或切片，起锅用奶油炒至收干水分。

提示 **通常咸派内的菇类，如鲜香菇、杏鲍菇等，会以滚刀方式切；而蘑菇则会切成片。不仅在视觉上会有不同效果，在口感上前者较有嚼感，后者则较软嫩。**

② 将炒好的菇类铺入派皮约七八分满。

③ 铺上少许马苏里拉奶酪丝。

④再淋上咸派蛋液，上方放几片蘑菇装饰。

⑤ 放入已经预热至 200℃的烤箱，烤焙 10~15 分钟即可。

法式咸派意式风味

意大利肉酱咸派

（材料）

适用派皮份量：
直径 8cm，6 个
（60~70 克 / 个）

马铃薯 .... 2 颗
无盐黄油 20g
动物性稀奶油 10g
意大利肉酱 250g
基础咸派蛋液 .... 适量
马苏里拉奶酪丝 .... 适量

（做法）

① 马铃薯洗净后去皮蒸熟压碎，拌入无盐黄油及动物性稀奶油。

② 派皮底部铺上马铃薯泥至五分满。

③ 加入事先煮好的意大利肉酱，铺上奶酪丝。

提示 **意大利肉酱与马铃薯泥的做法请参照第 156 页。**

④ 放入已经预热至 200℃的烤箱，烤焙 10~15 分钟即可。

提示 **这款咸派无须加入咸派蛋液。**

意外顺口的美食混搭风

泡菜猪肉咸派

（材料）

适用派皮份量：
直径 8cm，6 个
（60~70 克 / 个）

韩式泡菜 150g
猪肉片 150g
基础咸派蛋液 .... 适量
马苏里拉奶酪丝 .... 适量

（做法）

① 猪肉片切 4cm 长，泡菜切成易入口大小，备用。

② 起油锅放入猪肉片拌炒至表面稍微变色，加入泡菜续炒至半熟，即可起锅备用。

提示 **炒过的泡菜，可以提出泡菜的乳酸菌香气。**

③ 派皮底部先铺上奶酪丝，以免底部因为内馅湿润而浸软，影响口感。

④ 依序铺入炒至半熟的猪肉与泡菜。

⑤ 淋入咸派蛋液至九分满。

⑥ 放入已经预热至 200℃的烤箱，烤焙 10~15 分钟即可。

低热量又有饱足感的美味

虾仁西兰花咸派

(材料)

适用派皮份量：
直径 8cm，6 个
（60~70 克 / 个）

虾仁 200g
盐、白胡椒 .... 少许
基础咸派蛋液 .... 适量
面粉 .... 适量
西兰花 100g

(做法)

① 虾仁洗净后去泥肠，以少许的盐、白胡椒、面粉稍微抓腌过。

提示 **亦可加入少许意大利综合香料、咖喱粉，与蛋液的味道会更融合。虾仁先腌过后，经烘烤比较不会过度收缩。**

② 起锅煮滚水放入少许盐。西兰花洗净后削去粗纤维，放入锅中快速氽烫备用。

③ 将虾仁铺在派皮底部，加入咸派蛋液至八分满。

提示 **如果虾仁放最上层，烘烤时便容易焦掉，所以建议铺在最底层。**

④ 将氽烫过的西兰花轻铺在最上层。

⑤ 放入已经预热至 200℃的烤箱，烤焙 10~15 分钟即可。

素食主义者也能享受的美味

马铃薯蘑菇咸派

(材料)

适用派皮份量：
直径 8cm，6 个
（60~70 克 / 个）

马铃薯 .... 2 颗
蘑菇 .... 6 朵
奶油 .... 少许
基础咸派蛋液 .... 适量
马苏里拉奶酪丝 .... 适量

(做法)

① 马铃薯洗净后去皮切小丁，用盐水氽烫至半熟；蘑菇洗净后切片，以奶油微煎过备用。

② 派皮底部铺上氽烫过的马铃薯丁，淋入咸派蛋液至五分满。

③ 放上预炒过的蘑菇片至九分满，再加入大量奶酪丝，完整覆盖住蘑菇。

④ 放入已经预热至 200℃的烤箱，烤焙 10~15 分钟即可。

嚼劲十足的山珍海味

杏鲍菇干贝咸派

适用派皮份量：
直径 8cm，6 个
（60~70 克 / 个）

- **杏鲍菇 .... 2 朵**
- 新鲜干贝 .... 6 颗
- 奶油 .... 适量
- 豌豆仁 .... 适量
- 清爽咸派蛋液 .... 适量
- 马苏里拉奶酪丝 .... 适量
- 香料 .... 适量

做法

① 杏鲍菇洗净后切成 1.5~2cm 的小丁状，以奶油微煎至半熟，去除菇类的生味，并增添奶油的香气。

② 豌豆仁洗净后用盐水汆烫至半熟。

③ 在派皮底部先铺入一层奶酪丝，再放入新鲜干贝与炒过的杏鲍菇。

④ 淋入咸派蛋液至九分满。

⑤ 铺上汆烫过的豌豆仁，增添色彩，亦可以撒上洋香菜叶或意大利香料做装饰。

⑥ 放入已经预热至 200℃的烤箱内，烤焙 10~15 分钟即可。

茄汁与海鲜的百搭风味

西红柿干贝帕玛森咸派

材料

适用派皮份量：
直径 8cm，6 个
（60~70 克 / 个）

帕玛森芝士粉............... 适量
小西红柿 .... 12 颗
新鲜干贝 .... 6 颗
墨鱼咸派蛋液............... 适量

做法

① 派皮底部先撒上一层芝士粉（图 1）。

② 小西红柿洗净后去蒂对切，切面朝上放入派皮中，每个派皮 2 颗（图 2）。

③ 干贝切成易入口大小，放入派皮中，填补西红柿间的空隙（图 3）。

④ 倒入墨鱼口味的咸派蛋液至九分满（图 4）。

⑤ 放入已经预热至 200℃的烤箱，烤焙 10~15 分钟即可。

1

2

3

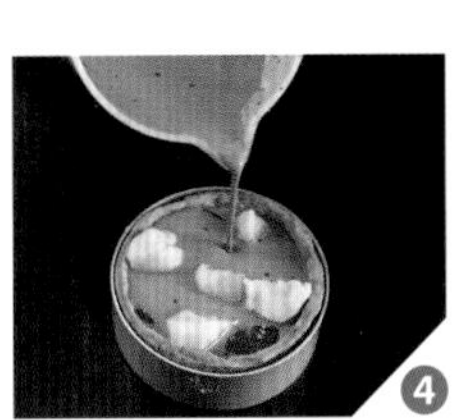
4

烤焙引出芦笋的芬芳

鲜虾芦笋咸派

材料

适用派皮份量：
直径 8cm，6 个
（60~70 克 / 个）

虾仁 .... 12 只
盐、白胡椒、面粉 .... 适量
芦笋 .... 6 条
墨鱼咸派蛋液 .... 适量
马苏里拉奶酪丝 .... 适量

做法

① 虾仁洗净后去泥肠，以少许的盐、白胡椒、面粉稍微抓腌过。

② 芦笋洗净后切段，起锅用盐水氽烫至半熟备用。

③ 在派皮底部铺上腌过的虾仁，再铺上奶酪丝（图 1）。

④ 倒入墨鱼口味的咸派蛋液至九分满（图 2）。

⑤ 将芦笋铺在最上层（图 3）。

⑥ 放入已经预热至 200℃的烤箱，烤焙 10~15 分钟即可。

1

2

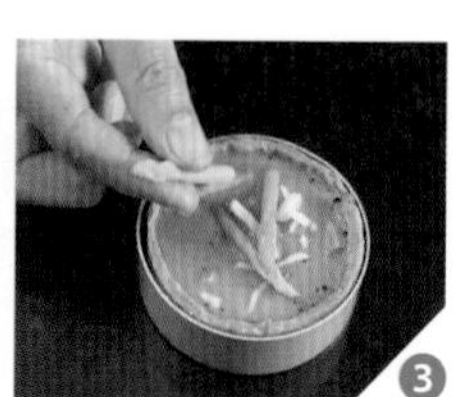
3

清新爽口的海洋风味

洋葱墨鱼咸派

适用派皮份量：
直径 8cm，6 个
（60~70 克 / 个）

洋葱 .... 2 颗
奶油、盐、白胡椒、面粉
.... 适量
墨鱼 250g
墨鱼咸派蛋液 .... 适量
马苏里拉奶酪丝 .... 适量

（做法）

① 洋葱洗净后去皮切丝，先以奶油炒至焦糖色备用。

② 墨鱼切易入口大小，先以少许的盐、白胡椒、面粉稍微抓腌过。

③ 在派皮底部铺上奶酪丝，再铺入腌过的墨鱼。

④ 放入炒过的洋葱丝，倒入墨鱼口味的咸派蛋液至九分满。

⑤ 放入已经预热至 200℃的烤箱，烤焙 10~15 分钟即可。

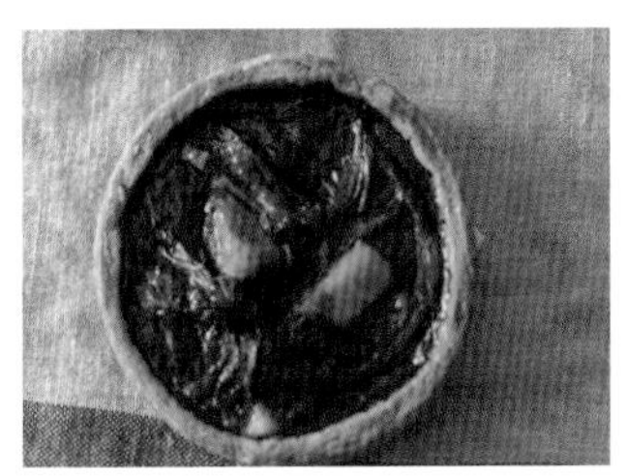

享受墨鱼与三文鱼的海鲜甘味

马铃薯三文鱼咸派

（材料）

适用派皮份量：
直径 8cm，6 个
（60~70 克 / 个）

马铃薯 .... 1 颗
奶油、动物性稀奶油 ... 适量
新鲜三文鱼 .... 1 片
盐、白胡椒、面粉 .... 少许
墨鱼咸派蛋液 .... 适量
洋葱 .... 半颗

（做法）

① 马铃薯洗净后去皮蒸熟压碎，拌入奶油及动物性稀奶油。

② 派皮底部铺上马铃薯泥至五分满。

③ 三文鱼洗净后切小丁，先以少许的盐、白胡椒、面粉稍微抓腌过。

④ 三文鱼丁铺在马铃薯泥上，接着加少许炒过的洋葱丝。

⑤ 倒入墨鱼口味的咸派蛋液至九分满。

⑥ 放入已经预热至 200℃的烤箱，烤焙 10~15 分钟即可。

每口都能吃到海洋的鲜味

综合海鲜咸派

适用派皮份量：
直径 8cm，6 个
（60~70 克 / 个）

剑旗鱼 60g
墨鱼 60g
干贝 .... 6 颗
虾仁 .... 6 只
三文鱼 60g
大蒜 .... 3 颗
盐、白胡椒、面粉 .... 少许
墨鱼咸派蛋液 .... 适量

做法

① 除了干贝以外的海鲜洗净后切小丁，先以少许的盐、白胡椒、面粉稍微抓腌过。大蒜切粗末。

② 将腌过的海鲜料放入派皮，撒入蒜末。

③ 倒入墨鱼口味的咸派蛋液至九分满。

④ 放入已经预热至 200℃的烤箱，烤焙 10~15 分钟即可。

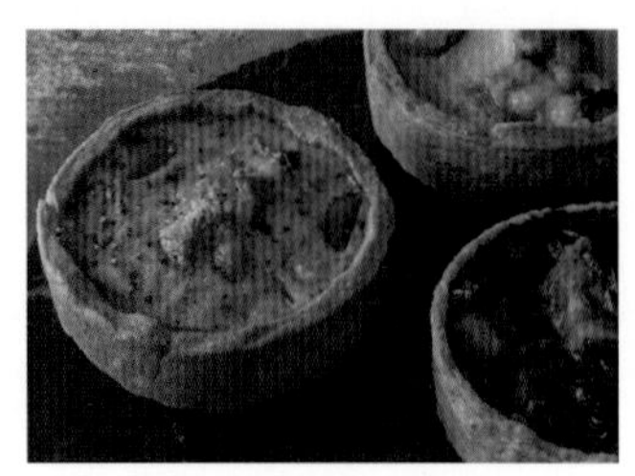

释放蔬菜的清甜

红甜椒鸡肉咸派

材料

适用派皮份量：
直径 8cm，6 个
（60~70 克 / 个）

鸡胸肉 .... 1 块
红甜椒 .... 1 颗
帕玛森芝士粉 .... 适量
盐、白胡椒、面粉 .... 少许
红椒咸派蛋液 .... 适量

做法

① 鸡胸肉洗净后切成 1.5~2cm 的小丁，先以少许的盐、白胡椒、面粉稍微抓腌过。

② 红甜椒洗净后去蒂切小丁。

③ 倒入红椒咸派蛋液至派皮九分满。

④ 撒上少许帕玛森芝士粉。

⑤ 放入已经预热至 200℃的烤箱，烤焙 10~15 分钟即可。

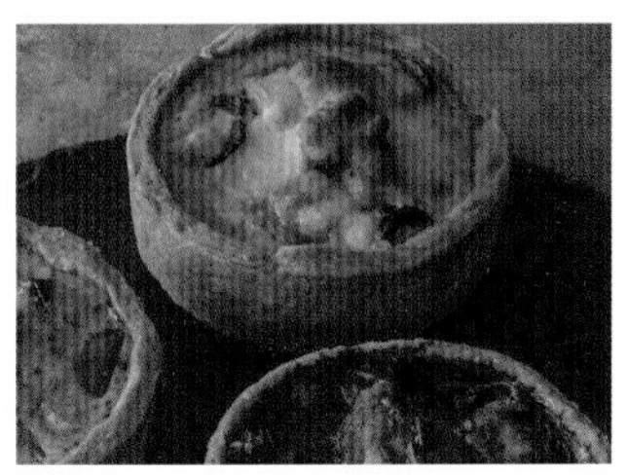

咬一口地中海的天然恩赐

橄榄鸡肉咸派

材料

适用派皮份量：
直径 8cm，6 个
（60~70 克 / 个）

马铃薯............................120g
黑橄榄............................适量
鸡腿肉............................120g
马苏里拉奶酪丝...........适量
奶油................................适量
盐、白胡椒、面粉.......少许
红椒咸派蛋液...............适量

做法

① 马铃薯洗净后去皮切丁，烫至半熟。

② 鸡腿肉切成 1.5~2cm 小丁，起锅用奶油微煎至五分熟备用。

提示 **也可以使用鸡胸肉代替鸡腿肉。鸡胸肉先切成 1.5~2cm 的小丁，先以少许的盐、白胡椒、面粉稍微抓腌过。**

③ 黑橄榄切片。

④ 先将少许马铃薯丁铺入派皮底部，随意撒上切片的黑橄榄与鸡肉。

⑤ 淋入红椒咸派蛋液至九分满。

⑥ 撒上奶酪丝。

⑦ 放入已经预热至 200℃的烤箱，烤焙 10~15 分钟即可。

健康低脂的好滋味

鸡肉火腿南瓜咸派

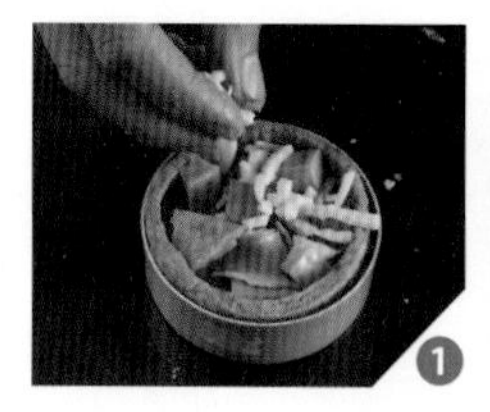

(材料)

适用派皮份量：
直径 8cm，6 个
（60~70 克 / 个）

鸡肉火腿 .... 6 片
南瓜 .... 1/4 颗
红椒咸派蛋液 .... 适量
马苏里拉奶酪丝 .... 适量

(做法)

① 鸡肉火腿片切小丁。南瓜洗净去皮后切小丁，以盐水烫至半熟。

② 在派皮底部先铺上鸡肉火腿与南瓜丁。

③ 撒上奶酪丝（图 1）。

④ 淋入红椒咸派蛋液至九分满（图 2）。

⑤ 放入已经预热至 200℃的烤箱，烤焙 10~15 分钟即可。

吃一口大地恩赐的青蔬香

田园野菜咸派

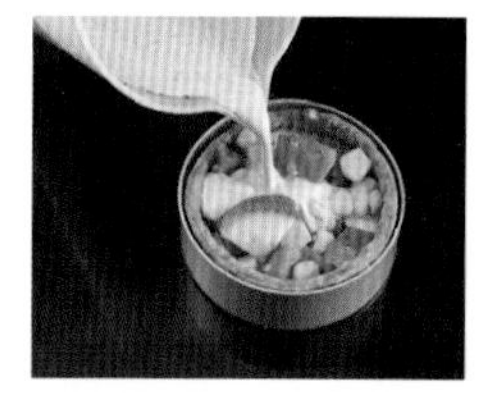

(材料)

适用派皮份量：
直径 8cm，6 个
（60~70 克 / 个）

红萝卜 .... 半颗
栉瓜 .... 1/4 颗
南瓜 .... 1/4 颗
青豌豆 .... 适量
玉米粒 .... 适量
红椒咸派蛋液 .... 适量

(做法)

① 南瓜与红萝卜切小丁，以盐水氽烫至半熟。栉瓜切小丁。

② 将所有蔬菜丁均匀铺入派皮。

③ 淋入红椒咸派蛋液至九分满（如图）。

④ 放入已经预热至 200℃的烤箱，烤焙 10~15 分钟即可。

鱼肉可选当季盛产替换

马赛鱼汤*咸派

(材料)

适用派皮份量：
直径 8cm，6 个
（60~70 克 / 个）

剑旗鱼 .... 1 块
三文鱼 .... 1 块
盐、白胡椒、面粉 .... 少许
小西红柿 .... 12 颗
墨鱼咸派蛋液 .... 适量
马苏里拉奶酪丝 .... 适量

(做法)

① 剑旗鱼、三文鱼切小丁，以少许的盐、白胡椒、面粉稍微抓腌过。

② 小西红柿洗净后，去蒂对切。

③ 派皮底部铺入腌过的剑旗鱼与三文鱼丁，加上少许奶酪丝（图 1）。

④ 倒入墨鱼口味的咸派蛋液至九分满（图 2），最后摆上对切小西红柿。

⑤ 放入已经预热至 200℃的烤箱，烤焙 10~15 分钟即可。

*：马赛鱼汤是法国南部海港马赛的一道以当地新鲜海产烹煮而成的汤。

土地的香气从口中蔓延开来

田园野菇咸派

材料

适用派皮份量：
直径 8cm，6 个
（60~70 克 / 个）

蘑菇 .... 适量
杏鲍菇 .... 适量
鸿喜菇 .... 适量
奶油 .... 适量
马苏里拉奶酪丝 .... 适量
大蒜 .... 3 颗
红椒咸派蛋液 .... 适量

做法

① 蘑菇切片；杏鲍菇与鸿喜菇切小丁；先以奶油炒干水分，提炼出香气。

② 将各式菇类随意摆入派皮中。

③ 加入大蒜末（图 1）。（蛋奶素者则省略这步）

④ 倒入红椒咸派蛋液至九分满（图 2），铺上奶酪丝（图 3）。

⑤ 放入已经预热至 200℃的烤箱，烤焙 10~15 分钟即可。

1

2

3

咸派“熟派皮”食谱

熟派皮咸派份量方面可视需求自行调整；
内馅方面甚至可以利用各种适合做成咸派的现成料理，
摆放出一道菜色。

何谓“熟派皮”，在前面第106页已经介绍。

以下食谱中的“熟派皮”，是用盲烤过的咸派派皮，先铺上一层炒至焦糖色的洋葱，再加入六分满的咸派蛋液，烤至全熟（10~15分钟 200℃）而成。

“熟派皮”可以批量做好，放入冰箱冷冻保存；使用时只需要稍微回温，添入已料理好的内馅，就可以上桌——它就像一个用于盛放餐食的容器。“熟派皮”也可以只烤至半熟，放冷冻库备用，需要时，再回温烤至全熟即可。

熟派皮的适用性很广，能与各种内馅激荡出美味，例如，它可以搭配清爽的冷沙拉或温沙拉，或者各种热炒，创意空间无限。

有时冰箱剩下零散的食材，炒一盘嫌少，那就随手组合起来，放入派皮中吧！将它们用来增加自家餐桌的菜色，或拿来当派对小点，都很适合。

熟派皮由于不再进行烤焙，所以内馅须事先烹调至全熟（或使用可食用生食）。内馅中也可以放入少许烤焙过的坚果或果干，增添爽脆的口感。

盐在烘焙上的角色

盐在烘焙制作中扮演着非常重要的角色，不只是影响风味，更是影响组织和发酵的关键。

盐主要分为两大类：

1. 自然形成：天然盐、岩盐、日晒盐；
2. 离子交换膜电透析法制成：结晶盐（常见的便宜食用盐）。

以上两者最大的差异在于“咸味”。一般传统的晶盐都是后者，其氯化钠纯度高，盐味浓厚、入口后不易散去。而前者如天然盐、岩盐等，所含矿物质成分较高，相对地盐味比较柔和。因此，一些高级面包制作大多会采用自然工法制成的盐作为添加，除了盐的咸味能够受到掌控之外，在欧式面包中应用更能表现出面粉的性质和小麦风味。

盐之于面包烘焙制作中有两个重大的功能：

1. 强化面筋、增加延展性。
2. 抑制酵母生长。

了解这两个功能，更有利于我们去掌控面包制作的关键。例如，现在传统型法国面包制作或欧式面包制作，大多会采用“后盐法”操作，也就是在面团搅拌初期不加入盐，等到面团筋性形成后，再把盐加入搅拌。这样制作的最大好处就是能够缩短面团搅拌的时间。因为，面团搅拌的初期，盐会影响面团吸水，减缓面团出筋的速度，而且面团组织中除了水之外还有其他异物，此时会妨碍面团的黏结使得其延展性下降，搅拌时容易造成无法卷起。可是等到面团一旦产生筋性之后再放盐，盐就会发挥第一个作用——强化面筋，我们就可以用比较快的速度得到所需的面团筋性。

偶尔会出现后盐法制作出的欧式面包烘焙后颜色太浅的现象，原因就在于盐忘记加，或是太晚加入，造成面团发酵速度增快。盐能够抑制发酵的最大原因在于，它能减缓蛋白质分解酶的作用，面粉失去盐的作用、过度分解，消耗掉过多糖类和养分，就影响了最后的烤焙色泽。

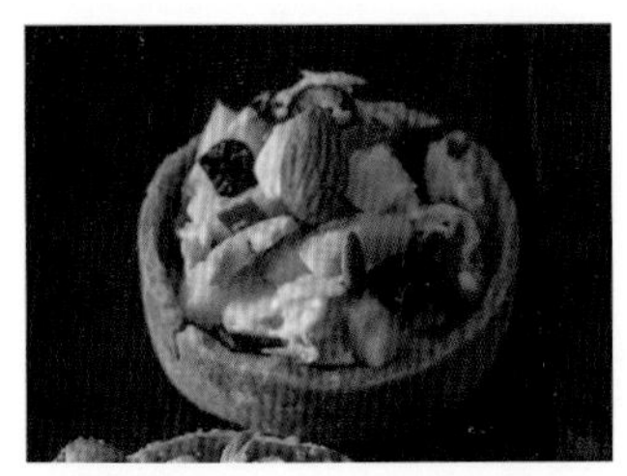

适合当早餐的一款

金枪鱼沙拉咸派

材料

适用派皮份量：
直径 8cm，6 个
（60~70 克 / 个）

洋葱蛋液全熟派皮........6 个
水煮金枪鱼罐头............1 罐
黑橄榄............................3 颗
马铃薯............................2 颗
小黄瓜............................2 条
美乃滋............................适量
蔓越莓干........................少许
干杏仁............................适量

做法

① 黑橄榄切片，马铃薯去皮切丁后烫熟，小黄瓜洗净后切丁。

② 取一干净容器，放入沥干油脂与水分的水煮金枪鱼，加入①。

③ 加入适量美乃滋，混合均匀（图 1）。

④ 将③均匀摆入派皮（图 2），用少许蔓越莓干或干杏仁做装饰即可（图 3）。

巴萨米克醋百搭新鲜海味

橄榄油海鲜西红柿咸派

(材料)

适用派皮份量：
直径 8cm，6 个
（60~70 克 / 个）

洋葱蛋液全熟派皮........6 个
虾仁................................6 只
干贝................................6 颗
盐、白胡椒、面粉.......少许
红萝卜..........................半条
豌豆...............................适量
小西红柿........................6 颗
橄榄油...........................适量
巴萨米克醋...................适量

(做法)

① 虾仁与干贝先以少许的盐、白胡椒、面粉稍微抓腌过后烫熟；红萝卜洗净后，切小丁与豌豆水煮至全熟；小西红柿每颗切成 4 块。

② 在调理盆中先加入橄榄油，再淋入巴萨米克醋，比例为 3 ：1，搅打至乳化。

提示 **这里使用的酱汁建议多调制一些，搭配不同食材，就能做出一道新的菜色。橄榄油必须比醋先放入盆中，才容易搅打达到乳化效果。**

③ 将①拌入②中，食材均匀粘附酱汁。

④ 将拌好的③填入派皮即可。

清爽美味又营养满点

南瓜鸡蛋沙拉咸派

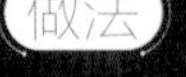

材料

适用派皮份量：
直径 8cm，6 个
（60~70 克 / 个）

洋葱蛋液全熟派皮 ...... 6 个
南瓜 .... 1/4 颗
水煮蛋 .... 3 颗
小黄瓜 .... 半条
千岛沙拉酱 .... 适量
南瓜籽 .... 少许

做法

① 南瓜去皮蒸熟切丁；小黄瓜洗净切丁。

② 取一调理盆，放入水煮蛋后捣碎，并加入①。

③ 在②中加入适量的千岛沙拉酱，并混合均匀（图 1）。

④ 将③填入派皮后，撒上南瓜籽装饰即可（图 2）。

专属夏天的青翠滋味

橄榄油秋葵咸派

材料

适用派皮份量：
直径 8cm，6 个
（60~70 克 / 个）

洋葱蛋液全熟派皮........6 个
橄榄油........................适量
酱油............................适量
秋葵............................6 条
白芝麻........................适量

① 取一调理盆，以橄榄油与酱油 1 ∶ 1 的比例，搅拌至乳化状，呈现像油膏的质地。

提示 **也可以用市面上现成的胡麻酱代替。**

② 秋葵滚水烫熟后切小段，与白芝麻放入①中，搅拌均匀。

③ 将②填入派皮即可。

摄取充足茄红素的营养

巴萨米克西红柿咸派

材料

适用派皮份量：
直径 8cm，6 个
（60~70 克 / 个）

洋葱蛋液全熟派皮........6 个
小西红柿........................6 颗
水牛奶酪....................... 适量
帕玛森芝士粉............... 适量
橄榄油........................3 大匙
巴萨米克醋................1 大匙
新鲜罗勒叶................... 少许
盐.................................. 少许

做法

① 小西红柿洗净后去蒂切成四份；水牛奶酪剥成适当大小备用。

② 在调理盆中放入橄榄油，再加入巴萨米克醋，比例为 3 ：1，再加入少许盐，搅拌至均匀乳化。

③ 将①加入②均匀搅拌，加入新鲜罗勒叶轻拌（图 1），再填入派皮。

④ 最后撒上帕玛森芝士粉即可（图 2）。

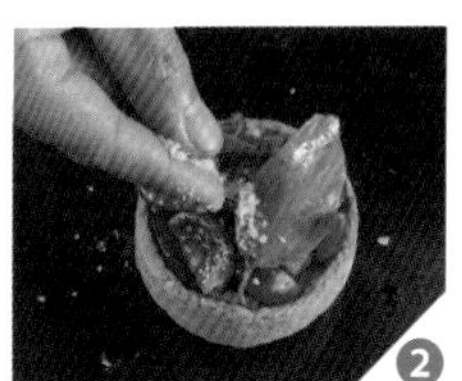

口感与营养兼具的菇类

松露野菇咸派

（材料）

适用派皮份量：
直径 8cm，6 个
（60~70 克 / 个）

洋葱蛋液全熟派皮........6 个
蒜头................................2 颗
各式菇类........................适量
巴萨米克醋、橄榄油...适量
松露盐...........................少许

（做法）

① 蒜头洗净后去皮切末，各式菇类洗净后切适口大小。

② 起油锅先炒香蒜末，再放入各式菇类，略微炒干水分，加入巴萨米克醋提味。

③ 将炒好的 ② 填入派皮。

④ 最后再撒上少许松露盐调味即可。

咸甜滋味令人难忘

美乃滋玉米咸派

（材料）

适用派皮份量：
直径 8cm，6 个
（60~70 克 / 个）

洋葱蛋液全熟派皮........6 个
玉米粒............................1 罐
美乃滋...........................适量
洋香菜叶.......................少许

（做法）

① 取一调理盆放入适量美乃滋，加入玉米粒，均匀搅拌。

② 将①填入派皮，还可撒上少许的洋香菜叶当作装饰。

富含纤维素与维生素

橄榄油鸡肉芦笋咸派

材料

适用派皮份量：
直径 8cm，6 个
（60~70 克 / 个）

洋葱蛋液全熟派皮........6 个
芦笋..............................12 条
鸡胸肉 ....1 块
盐、白胡椒、面粉....... 少许
黑橄榄 ....6 颗
腰果..............................12 颗
帕玛森芝士粉............... 少许
橄榄油、巴萨米克醋... 适量

做法

① 腰果事先烤焙过；芦笋烫熟后切小段；鸡胸肉先切成 1.5~2cm 的小丁，先以少许的盐、白胡椒、面粉稍微抓腌过后烫熟；黑橄榄切片备用。

② 在调理盆中先加入橄榄油，再淋入巴萨米克醋，比例为 3 ：1（图 2）。

③ 将①与②混合拌匀（图 1）

④ 将③填入派皮中（图 2），撒上少许芝士粉做装饰即可（图 3）。

口感与营养成分超高

酪梨坚果咸派

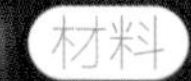
材料

适用派皮份量：
直径 8cm，6 个
（60~70 克 / 个）

洋葱蛋液全熟派皮........6 个
酪梨（即牛油果）........2 颗
葡萄干 ....少许
综合坚果 200g
蜂蜜 ....适量
橄榄油 ....适量

做法

① 酪梨对切后，取出果肉，切丁备用。

② 蜂蜜及橄榄油倒入调理盆中，比例为 1 ：1，搅拌至乳化。

提示 **可以另外加入少许柳橙汁或柠檬汁，增添水果的香气及酸甜的滋味。**

③ 综合坚果、酪梨丁与葡萄干倒入②中，均匀沾附酱汁。

④ 将③填入派皮后，可添加少许坚果做装饰。

甜味是记忆的隐味

马铃薯栗子咸派

材料

适用派皮份量：
直径 8cm，6 个
（60~70 克 / 个）

洋葱蛋液全熟派皮........6 个
马铃薯..........................2 颗
栗子............................12 颗
甜味美乃滋..................适量
果干.............................适量
西红柿干......................少许

做法

① 马铃薯洗净后去皮切丁烫熟，栗子剥大块状备用。

② 取一调理盆放入①与甜味美乃滋，均匀搅拌。

③ 在②中加入少许果干。

提示 **建议挑酸一点的果干，例如：菠萝、蔓越莓，可以中和美乃滋的甜味，本书使用的是葡萄干及蔓越莓干。**

④ 将③填入派皮后，再加上少许的西红柿干做装饰即可。

失败率低又深受欢迎
明太子咸派

材料

适用派皮份量：
直径 8cm，6 个
（60~70 克 / 个）

洋葱蛋液全熟派皮........6 个
明太鱼子........................30g
美乃滋............................60g
马铃薯...........................2 颗
红椒粉..........................少许

做法

① 明太鱼子与美乃滋以 1 ： 2 的比例调匀备用。

② 马铃薯洗净去皮后蒸熟捣泥备用。

③ 将②填满派皮，填平派模。

④ 挤上明太鱼子美乃滋酱，以 200℃的烤温微烤 1 分钟。

提示 **如果不小心加太多美乃滋，会造成烘烤后拓开，无法维持挤上去的造型。**

⑤ 撒上些许红椒粉装饰即可。

适合夏天品尝的热沙拉
培根栉瓜咸派

材料

适用派皮份量：
直径 8cm，6 个
（60~70 克 / 个）

洋葱蛋液全熟派皮........6 个
黄油、盐......................少许
蒜头..............................2 颗
培根..............................6 片
栉瓜.............................半颗

做法

① 蒜头去皮后切末，培根切小片，栉瓜去皮去蒂后切片备用。

② 起油锅，放入少许黄油炒香蒜末，接着放入培根炒至边缘酥脆，再加入栉瓜片，用少许盐巴调味，待收干水分便可离火。

③ 将炒好的料填入派皮即可。

吃得到满满的笋香

奶油芦笋咸派

材料

**适用派皮份量：
直径 8cm，6 个
（60~70 克 / 个）**

洋葱蛋液全熟派皮........6 个
茭白笋............................2 条
芦笋................................6 条
玉米笋............................6 条
蒜头................................2 颗
黄油、盐........................少许
辣椒................................少许

做法

① 笋类洗净后去皮、去须，全切小丁；蒜头切末；辣椒切丝备用。

② 起油锅，放入少许黄油爆香蒜末，再放入蔬菜丁翻炒至表面微焦，加入少许盐调味。

③ 起锅前加入少许辣椒丝稍微拌炒。

④ 将③填入派皮后，把辣椒丝留在最上方装饰即可（如图）。

西洋点心也能飘台湾味

香肠蒜苗咸派

材料

适用派皮份量：
直径 8cm，6 个
（60~70 克 / 个）

无洋葱蛋液馅的派皮....6 个
香肠 .... 3 根
蒜苗 .... 适量
辣椒 .... 少许

做法

① 香肠切小丁，蒜苗切片，辣椒切丝备用。

② 香肠丁煎熟，加入蒜苗继续翻炒。

③ 将起锅前加入少许辣椒丝。

④ 将③填入派皮后，把辣椒丝留在最上方装饰即可（如图）。

吕升达老师的私房料理 ❶

麻婆豆腐咸派

(材料)

适用派皮份量：
直径 8cm，6 个
（60~70 克 / 个）

无洋葱蛋液馅的派皮.... 6 个
板豆腐 .... 1 块
猪绞肉 100g
葱 2g
蒜头 .... 1 颗
麻婆酱 .... 适量
咸派蛋液 .... 适量
马苏里拉奶酪丝........... 适量

(做法)

① 板豆腐洗净后切小块，先微煎，提出豆类的香气，收干水分后起锅备用（图 1）。

提示 **表皮煎过后，也不会被蛋液浸到糊烂，影响口感。**

② 另起油锅，炒香蒜末后加入猪绞肉拌炒至肉变色，倒入事先准备好的麻婆酱翻炒。

③ 放入①后，轻轻拌炒，待略微收干酱汁后，倒入事先切好的葱末（图 2）。

④ 将③填入派皮后，倒入咸派蛋液至九分满（图 3）。

⑤ 铺上奶酪丝（图 4）放入已经预热至 200℃的烤箱，烤焙约 15 分钟即可。

麻婆酱

材料：
辣豆瓣........3 大匙
酱油 ....2 大匙
糖 ....1 小匙
香油 ....1 大匙
马铃薯淀粉 ..少许

做法：
起油锅，将所有材料放入油锅中，中火拌炒至香气产生即可起锅。

❶

❷

❸

❹

吕升达老师的私房料理❷

英式肉派

（材料）

适用派皮份量：
直径8cm，6个
（60~70克/个）

无洋葱蛋液馅的派皮....6个
意大利肉酱..................适量
马铃薯泥......................适量

（做法）

① 将事先准备好的意大利肉酱填入无洋葱蛋液馅的派皮约五分满（图1），接着再填上马铃薯泥。

② 用汤匙将马铃薯泥压平（图2），在表面刷上蛋液（图3），用叉子做出造型（图4）。

③ 放入已经预热至200℃的烤箱，烤焙10~15分钟即可。

意大利肉酱

材料：
洋葱................2颗
西红柿............2颗
猪绞肉...........250g
牛绞肉...........250g
西红柿糊.......200g
清水...............适量

做法：
洋葱与西红柿洗净去皮后切丁。起锅炒洋葱丁至褐色后放入牛、猪绞肉，直至肉变色后加入西红柿糊续炒。最后加入清水直至汤汁煮滚后，转小火炖煮约1小时即可。炖煮时请不时搅拌，以防粘锅。

马铃薯泥

材料：
马铃薯...........200g
无盐黄油.........20g
动物性稀奶油10g
鲜奶...............适量

做法：
马铃薯去皮后蒸熟，趁热拌入奶油，并加入动物性稀奶油调整软硬度。如果喜欢更绵密的口感，可以加一点鲜奶调整马铃薯泥的软硬度。

❶

❷

❸

❹

用料简单表现食材真味

香蒜奶油干贝咸派

(材料)

适用派皮份量:
直径 8cm，6 个
（60~70 克 / 个）

无洋葱蛋液馅的全熟派皮 ………………………………… 6 个
蒜头 …………………………… 3 颗
干贝 …………………………… 12 颗
奶油、马苏里拉奶酪丝 ………………………………… 适量
黑胡椒 ……………………… 少许

(做法)

① 虾蒜头去皮洗净后切末备用。

② 派皮底部铺一层奶酪丝，放入新鲜干贝，撒上少许蒜头末。

③ 接着放一小块奶油，撒上少许黑胡椒。

④ 在③铺上一层奶酪丝后，放入已经预热至 200℃的烤箱，烤焙 10~15 分钟即可。

台湾当地食材利用创意款

蒜苗腊肉咸派

(材料)

适用派皮份量:
直径 8cm，6 个
（60~70 克 / 个）

无洋葱蛋液馅的全熟派皮 ………………………………… 6 个
咸猪肉 ……………………… 300g
蒜苗 …………………………… 2 根
辣椒 …………………………… 1 根
咸派蛋液 …………………… 适量

(做法)

① 咸猪肉切片，蒜苗斜切丝备用。

② 起油锅，大火拌炒咸猪肉，逼出油脂。

③ 转中火后加入蒜苗丝与辣椒稍微拌炒即可关火（图 1）。

④ 将③填入派皮后，加入咸派蛋液至九分满（图 2、3）。

⑤ 放入已经预热至 200℃的烤箱，烤焙 10~15 分钟即可。

1

2

3

甜派食谱

这里所设计的配方，均是家庭最好操作的份量，如果自行减少份量，可能反而会难以称重与搅打。

甜派在加入内馅后，有的是烘烤成熟而完成，有的是冷藏定型而完成。

甜派皮的馅料中，杏仁奶油馅很受欢迎，适用性也强，所以，可以用它制作甜派的“熟派皮”：甜派皮盲烤熟之后，将杏仁奶油馅装填入挤花袋，自派底的中心开始，向外用画圈的方式挤满派底（见第 181 页），份量为 15~20g，再入烤箱以 200℃烘烤 10~12 分钟完成。甜派的“熟派皮”也可以大量制作，冷藏备用，使用时拿出来加入不同的内馅即可食用。

甜派也可以不使用杏仁奶油馅，还有很多种馅料可以用，它们加入派皮后或烘烤或冷藏。

甜派馅料除了可以在甜派中使用外，也可以与泡芙或其他甜点做出不同口感的点心组合。

材料

杏仁奶油馅

适用派皮份量：
直径 8cm，6 个
（60~70 克 / 个）

❶ 无盐黄油 50g
❷ 细砂糖 50g
❸ 杏仁粉 50g
❹ 鸡蛋 40g
❺ 奶粉 5g

做法

① 将细砂糖与无盐黄油搅拌均匀，但无须打发。

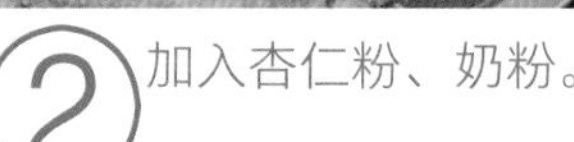

② 加入杏仁粉、奶粉。

③ 搅拌成团后，加入鸡蛋搅拌至乳化均匀，装入挤花袋备用。

杏仁奶油馅的优点

杏仁奶油馅是法式甜点的重要馅料，又称 Pastry Cream（酥点奶油），是一种可以烘焙的奶油馅。杏仁奶油蛋糕中的湿润感和风味，便是由杏仁奶油馅来增加其层次感与丰富性。

材料

特浓香草布丁馅

适用派皮份量：
直径 8cm，6 个
（60~70 克 / 个）

❶ 白美娜浓缩鲜奶 150g
❷ 动物性稀奶油 200g
❸ 鸡蛋 150g
❹ 细砂糖 100g
❺ 香草浓缩酱 2g

做法

1 将材料中的鸡蛋，细砂糖及香草浓缩酱搅拌均匀。

2 加入浓缩鲜奶及动物性稀奶油，混合均匀。

做法

③ 将香草布丁馅过筛。

提示 **做好可冷藏保存，但请在 2 天内使用完毕。**

做出奶香更浓郁的布丁内馅

这里的配方所使用的是白美娜浓缩鲜奶，如果用一般鲜奶取代也可以，只是比较没有那么浓郁。另外，相较于全使用动物性稀奶油的布蕾馅，特浓布丁馅会稍微清爽一些。

布丁馅烤焙后会稍微膨胀

布丁内馅因为较不易熟透，需分二次倒入馅液烤焙，第一次先倒五分满入烤箱烤焙，第二次再倒至九分。烤焙时布丁内馅会稍微膨胀，所以在第二次倒入派皮时不要超过九分满。

香草布丁派

材料

无杏仁奶油馅的甜派皮 6 个

特浓香草布丁馅........... 400g

做法

① 将香草布丁馅倒入派皮约五分满（图 1），预热烤箱至 180℃，烤焙 10~12 分钟。

② 10 分钟后取出，再倒入香草布丁馅至九分满（图 2），用 200℃续烤 10~12 分钟（图 3）。

提示 **布丁内馅与布蕾内馅太满会不易烤熟，所以分二次烤焙，第一次把馅烤半熟，再加馅液后烤第二次。**

材料

奶酪布丁馅

适用派皮份量：
直径 8cm，6 个
（60~70 克 / 个）

❶ 白美娜浓缩鲜奶 50g
❷ 奶油奶酪 100g
❸ 动物性稀奶油 200g
❹ 鸡蛋 150g
❺ 细砂糖 100g
❻ 香草浓缩酱 2g

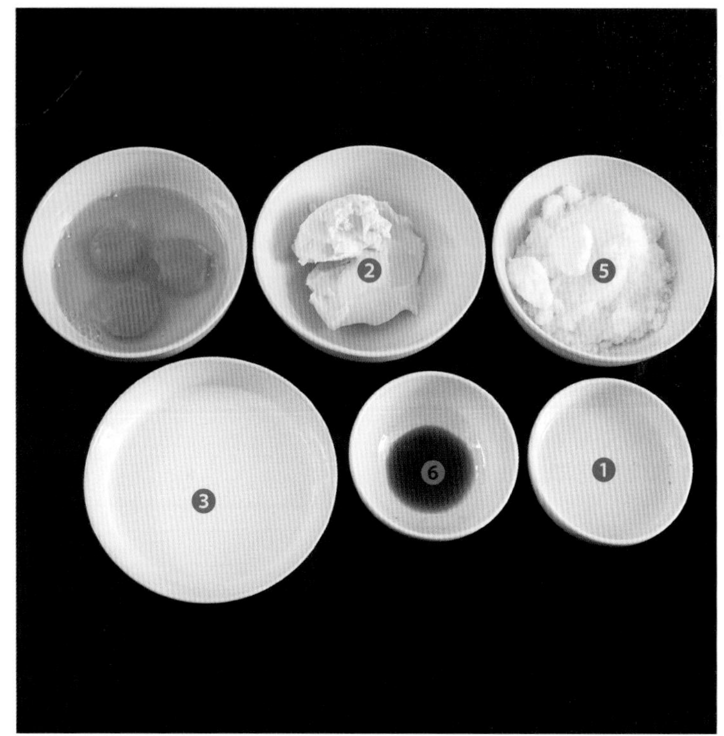

做法

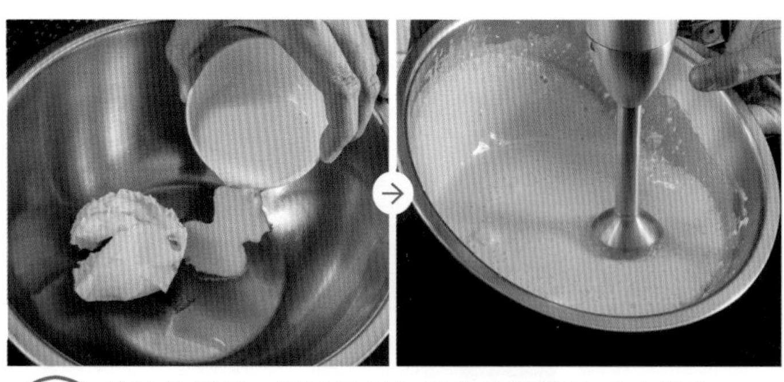

① 将浓缩鲜奶、奶油奶酪与香草浓缩酱先手动搅散。

做法

② 加入细砂糖续搅，再加入动物性稀奶油及鸡蛋。

提示 **为使内馅质地匀称，口感滑嫩，建议使用均质机将内馅打匀至无颗粒状后过筛使用。**

奶油奶酪增添风味

加入奶油奶酪的布丁馅，烤起来除了布丁有的蛋香，还带有奶酪的乳脂香。

蓝莓奶酪布丁派

材料

无杏仁奶油馅的甜派皮 .... 6 个
奶酪布丁馅 400g
新鲜蓝莓 .... 120 颗

做法

① 在派皮中加入蓝莓（图 1），倒入奶酪布丁馅至五分满（图 2），预热烤箱至 180℃，送入派烤 10~12 分钟。

② 派从烤箱取出，倒入奶酪布丁馅至九分满，再加蓝莓，以 200℃的烤温再烤焙 10~12 分钟。

提示 **冷冻蓝莓容易出水，建议使用新鲜蓝莓。**

1

2

焦糖乳酪布丁派

（材料）

无杏仁奶油馅的甜派皮 ......6 个

奶酪布丁馅 400g

焦糖酱 ......适量

（做法）

① 将奶酪布丁馅倒入派皮五分满后，预热烤箱至180℃，送入派烤 10~12 分钟。

② 派从烤箱取出，再倒入奶酪布丁馅至九分满，用180℃续烤 10~12 分钟取出。

③ 焦糖酱适量倒在②上，用喷枪略烤即可。

奶酪布丁蜜薯派

（材料）

无杏仁奶油馅的甜派皮 ......6 个

奶酪布丁馅 400g

蜜薯 ......适量

（做法）

① 将蜜薯铺至派皮底部，加入奶酪布丁馅五分满（如图），预热烤箱至 180℃，烤 10~12 分钟。

② 10 分钟后取出，倒入奶酪布丁馅九分满，再加蜜薯，以 180℃烤焙 10~12 分钟。

材料

法式布蕾馅

适用派皮份量：
直径 8cm，6 个
（60~70 克 / 个）

❶ 动物性稀奶油.......... 300g
❷ 细砂糖 60g
❸ 蛋黄 60g
❹ 香草浓缩酱 2g

做法

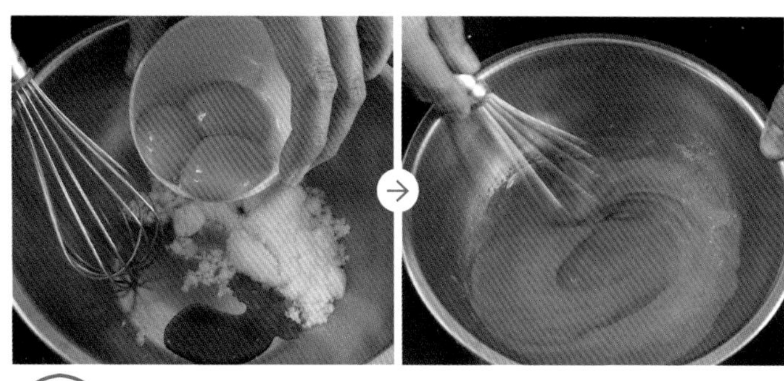

① 将蛋黄倒入细砂糖中，尽快搅拌至糖融化，以免蛋黄结粒。

做法

② 再加入动物性稀奶油及香草浓缩酱搅匀即可。

提示 另外，也可以将动物性稀奶油加热至 50℃，然后立即冲入搅拌均匀的细砂糖蛋黄与香草浓缩酱。这种做法会让动物性稀奶油的乳脂风味完整保留，再经过二次烤焙后风味则更为不同。

布蕾馅一定要注意的 4 个重点

① 若想要变换风味，可用 8g 的速溶咖啡粉取代香草浓缩酱，就可以得到风味浓郁的“拿铁布蕾馅”了。
② 由于布蕾馅所使用的是蛋黄，所以使用前后都“无须过筛”。
③ 布蕾馅与布丁馅都需要分两次倒入蛋液，二次烤焙。第一次先倒约五分满入烤箱烤焙，第二次再倒至九分。烤焙时内馅会稍微膨胀，所以在第二次倒入派皮时不要超过九分满。
④ 做好的布蕾馅可置于冷藏保存，最多不超过 2 天。

法式布蕾派

材料

无杏仁奶油馅的甜派皮 .... 6 个
法式布蕾馅 400g

做法

① 将法式布蕾馅倒入派皮五分满后，预热烤箱至 180℃，烤 10~12 分钟。

② 10 分钟后取出，再倒入法式布蕾馅至九分满，再用 180℃续烤 10~12 分钟。

抹茶布蕾馅

材料

适用派皮份量：
直径 8cm，6 个
（60~70 克 / 个）

动物性稀奶油 300g
细砂糖 60g
抹茶粉 10g
蛋黄 60g
香草浓缩酱 2g

做法一

① 将细砂糖倒入蛋黄中尽快搅拌至糖融化，以免蛋黄结粒。

② 再加入动物性稀奶油、香草浓缩酱及抹茶粉搅匀。

做法二

① 动物性稀奶油加热至 50℃。

② 加热后的动物性稀奶油立即冲入搅拌均匀的细砂糖蛋黄、香草浓缩酱、抹茶粉。

抹茶布蕾甜派

材料

无杏仁奶油馅的甜派皮
.... 6 个
抹茶布蕾馅 400g

做法

① 将抹茶布蕾馅倒入派皮五分满后，预热烤箱至 180℃，烤 10~12 分钟。

② 10 分钟后取出，再倒入抹茶布蕾馅至九分满（如图），用 180℃续烤 10~12 分钟。

材料

柠檬奶油馅

适用派皮份量：
直径 8cm，6 个
（60~70 克 / 个）

❶ 柠檬皮屑……约 1 颗的量
❷ 柠檬汁……100g
❸ 细砂糖……100g
❹ 鸡蛋……150g
❺ 无盐黄油……100g

做法

1 将柠檬汁、细砂糖、鸡蛋、柠檬皮屑在可加热的锅具中混合搅拌均匀。

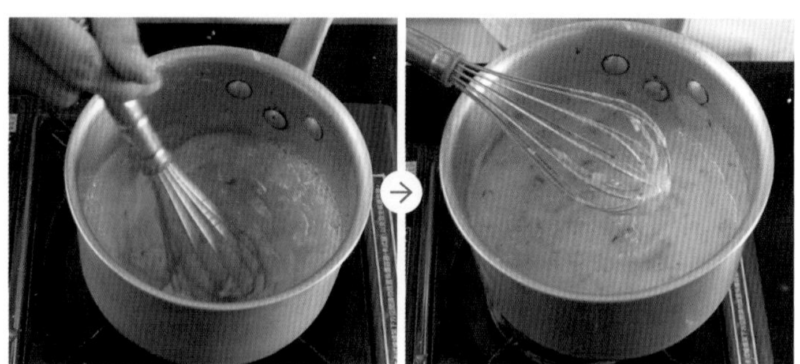

2 将锅具移到炉上加热，边搅拌煮至浓稠状后离火。

做法

③ 用筛网将酱汁内的柠檬皮屑过滤后，静置待降温。

④ 内馅降温后，再加入无盐黄油搅拌均匀，再使用均质机将酱汁打至光滑如美乃滋的质地即可。

提示 **因手工搅打不易达成光滑均质的效果，建议使用机器协助。**

材料

生巧克力馅

适用派皮份量：
直径 8cm，6 个
（60~70 克 / 个）

❶ 动物性稀奶油..........100g
❷ 蜂蜜............................20g
❸ 苦甜巧克力.............100g
❹ 朗姆酒.......................10g

做法

① 先将动物性稀奶油与蜂蜜加入锅中煮滚。

② 取一调理盆，放入苦甜巧克力。将①冲入巧克力，静置约 2 分钟。

做法

③ 搅至内馅达乳化效果，呈现光滑色泽，再加入朗姆酒，就可以直接使用。

生巧克力馅的风味关键

一般在制作生巧克力馅时是使用葡萄糖浆，不但可以保存巧克力的湿润度，又不会抢走巧克力的风味。这里的配方中使用蜂蜜是因为比较容易取得，所以请记得不要选香气过重的蜂蜜，否则会抢走巧克力的味道。

材料中的朗姆酒是为了装点香气，提出各种材料的味道，增添风味，亦可以不加。若加入朗姆酒时巧克力已凝固不易操作，可隔水加热帮助回温。

材料

柳橙生巧克力馅

适用派皮份量：
直径 8cm，6 个
（60~70 克 / 个）

❶ 牛奶巧克力................ 50g
❷ 苦甜巧克力................ 50g
❸ 动物性稀奶油............ 80g
❹ 柳橙皮..................... 0.3 颗
❺ 蜂蜜.......................... 20g
❻ 朗姆酒..................... 10g

做法

① 先将动物性稀奶油、蜂蜜与橙皮加入锅中小火煮滚。

② 取一调理盆，放入苦甜巧克力。将①过筛冲入巧克力中，过筛时用刮刀轻压橙皮，帮助味道释出。静置约 2 分钟。

做法

3 搅至内馅达乳化效果，呈现光滑色泽，再加入朗姆酒，就可以直接使用。

柳橙生巧克力馅的风味关键

配方中的牛奶巧克力与苦甜巧克力的比例为1：1，是考虑到全使用牛奶巧克力味道会太甜腻，全使用苦甜巧克力味道会太强烈，而盖过橙皮的风味，所以调整后，设定两种巧克力各半是最适合的比例。

柳橙巧克力的质地相较于生巧克力更软是正常的，因为用了牛奶巧克力，会影响凝结力。

材料中的朗姆酒是为了装点香气带出所有材料的风味，亦可以不加。橙皮亦可等量替换为金橘或柠檬。蜂蜜则可以引出柑橘类水果的风味。

材料

抹茶生巧克力馅

适用派皮份量：
直径 8cm，6 个
（60~70 克 / 个）

❶ 动物性稀奶油.......... 100g
❷ 白巧克力 120g
❸ 抹茶粉 4g
❹ 黄油 20g

做法

① 将动物性稀奶油与黄油混合煮滚。

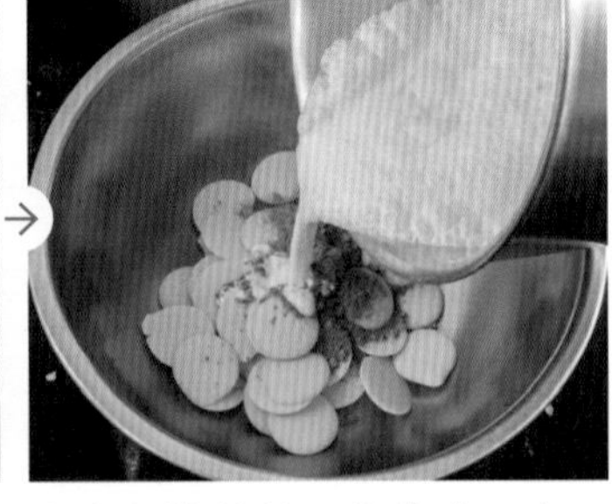

② 取一调理盆，放入白巧克力与抹茶粉。将①冲入白巧克力与抹茶粉中静置约 2 分钟后搅拌。

做法

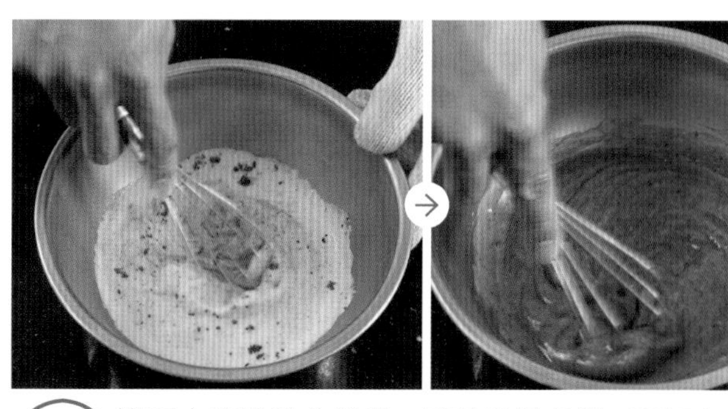

③ 搅至内馅达乳化效果，呈现光滑色泽，再加入朗姆酒，就可以直接使用。

④ 建议此时利用均质机搅匀，以确保抹茶粉能混合均匀，也比较不会有结粒的现象。

提示 材料中的抹茶亦可以用同等量的红茶替换，作成风味独特的奶茶巧克力馅。

关于白巧克力的质地

白巧克力的凝固力较差，在本款馅料的原始配方里是添加可可脂以帮助其乳化凝固，不过，因为可可脂不易取得，所以这里改用黄油替代，所以本配方中加入黄油是为了帮助乳化凝固；而白巧克力乳化性比较差，才利用均质机帮忙，让巧克力馅有更好的质地。

抹茶粉先煮过会失去香气，所以放在白巧克力中一起搅拌而不先混合动物性稀奶油煮滚。

吃得到最纯粹的可可香

生巧克力派

材料

适用派皮份量：
直径 8cm，6 个
（60~70 克 / 个）

无杏仁奶油馅的派皮.... 6 个
生巧克力馅 400g
马其顿海盐 .... 少许

做法

① 将生巧克力馅挤入派皮内至平模（图 1、2），轻敲桌面让内馅表面均匀平整。

② 在表面撒上少许马其顿海盐做装饰（图 3）。

提示 **马其顿海盐呈现粗粒的结晶，很适合在点心的表面撒上少许，当成装饰。也可用其他粗粒海盐。**

③ 放入冰箱冷藏即可。

1
2
3

深受老少欢迎的大众口味

炼乳红豆杏仁奶油派

材料

适用派皮份量：
直径 8cm，6 个
（60~70 克 / 个）

无杏仁奶油馅派皮........6 个
杏仁奶油馅..................240g
红豆泥.........................180g
抹茶香缇......................适量
拉糖..............................6 个

做法

① 将杏仁奶油馅挤入派皮底部约 40g（图 1、2、3），放入红豆泥 30g。

提示 **红豆泥的做法请参照本书第 254 页乌豆沙麻糬酥。**

② 预热烤箱至 180℃，烤 20~25 分钟，冷却后放入冰箱冷藏。

③ 取出冷藏的派，挤上抹茶香缇（花嘴 35 号）（图 4），最后用拉糖做装饰。

提示 **红豆泥也可以用西洋梨的泥取代。**

1
2
3
4

大人的苦带着些许酸甜滋味

朗姆莓果巧克力派

(材料)

适用派皮份量：
直径 8cm，6 个
（60~70 克 / 个）

无杏仁奶油馅派皮........6 个
酒渍蔓越莓...................适量
酒渍葡萄干...................适量
生巧克力馅...................300g
可可粉...........................适量
朗姆酒...........................少许
防潮糖粉.......................少许
马林糖............................6 个

(做法)

① 于派皮内摆入酒渍蔓越莓及葡萄干（图 1）。

② 填入生巧克力馅至平模（图 2），用抹刀将表面抹平帮助内馅流动到底下（图 3），冷藏定型。

③ 取出定型的派，在表面撒上可可粉。

④ 用滴管汲取少许朗姆酒，并剪去滴管前端，插入派中（图 4）。

⑤ 边缘撒上防潮糖粉（图 5），再摆上马林糖做装饰（图 6）。

提示 **酒渍蔓越莓、酒渍葡萄干的做法是：取干果 300g，朗姆酒 50g，浸泡一星期。**

REPÚBLICA
DEL CACAO

吃甜派一定要尝尝的经典款

柠檬奶油派

材料

适用派皮份量：
直径 8cm，6 个
（60~70 克 / 个）

杏仁奶油馅的派皮........6 个
柠檬奶油馅...................400g
柠檬皮屑.......................少许
朗姆酒...........................少许

做法

① 取杏仁奶油馅的派皮，挤入柠檬奶油馅至平模（图 1、2），放入冰箱冷藏定型。

② 冷藏定型后的派，表面滴 2~3 滴朗姆酒，再撒上少许柠檬皮屑装饰（图 3）。

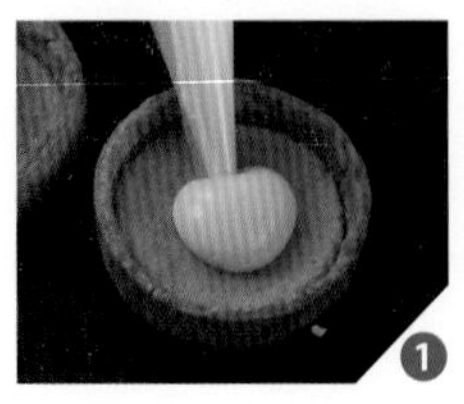
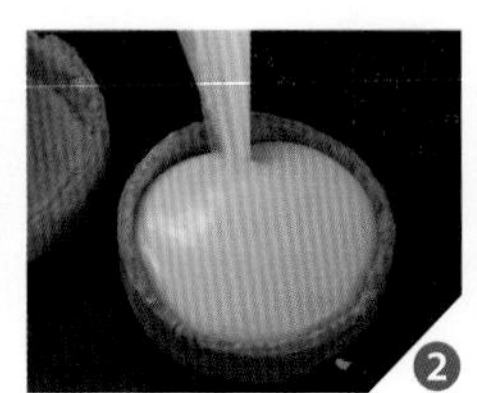

Green Gardens - Farmers Market
PROVENCE

满满夏威夷豆的香气

焦糖夏威夷豆甜派

材料

适用派皮份量：
直径 8cm，6 个
（60~70 克 / 个）

无杏仁奶油馅派皮........6 个
夏威夷豆塔馅...............400g
马其顿海盐..................少许
（粗粒海盐）

做法

① 将夏威夷豆塔馅填入派皮中，常温定型。

② 在表面撒上少许马其顿海盐（或其他粗粒海盐）做装饰。

富含营养与饱足感的酸甜滋味

核桃莓果甜派

材料

适用派皮份量：
直径 8cm，6 个
（60~70 克 / 个）

无杏仁奶油馅派皮........6 个
焦糖核桃馅..................400g
坚果、果干..................少许

做法

① 将焦糖核桃馅填入派皮中（如图），常温定型。

② 表面撒上少许坚果及果干做装饰。

微微柳橙香气让甜点不腻口

柳橙巧克力甜派

材料

适用派皮份量：
直径 8cm，6 个
（60~70 克 / 个）

杏仁奶油馅的派皮........6 个
柳橙巧克力馅...............400g
柳橙皮屑.......................少许
防潮糖粉.......................少许

做法

① 使用杏仁奶油馅的派皮，加入柳橙巧克力馅至平模（图1）。

② 放入冰箱冷藏定型。

提示 **如果在加入柳橙巧克力馅时，产生些许气泡，可使用喷枪微炙，移除表面气泡。**

③ 冷藏定型后的派，加上橙皮屑，再撒上防潮糖粉做装饰（图2、3）。

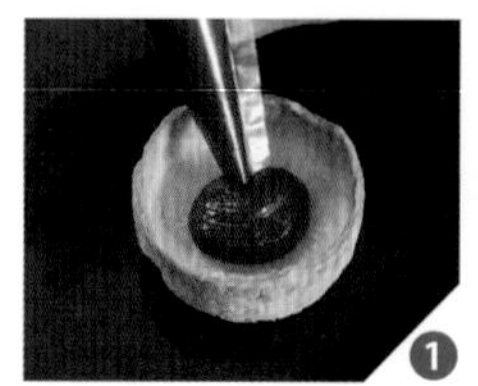

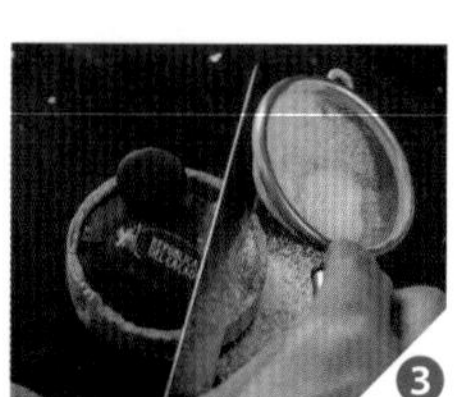

可可与坚果香在口中迸开

栗子柳橙巧克力派

材料

适用派皮份量：
直径 8cm，6 个
（60~70 克 / 个）

杏仁奶油馅派皮............6 个
甜熟栗子......................18 颗
柳橙巧克力馅...............350g

做法

① 将柳橙巧克力馅挤入派皮七分满（图1、2），轻轻摆入甜熟栗子（图3）。

提示 **此处使用的是蜜渍过的甜熟栗子。**

② 放入冰箱冷藏定型即可。

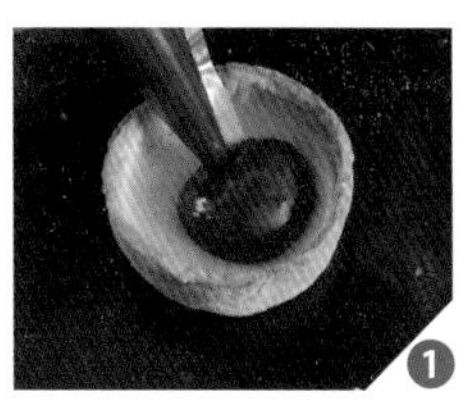
❶

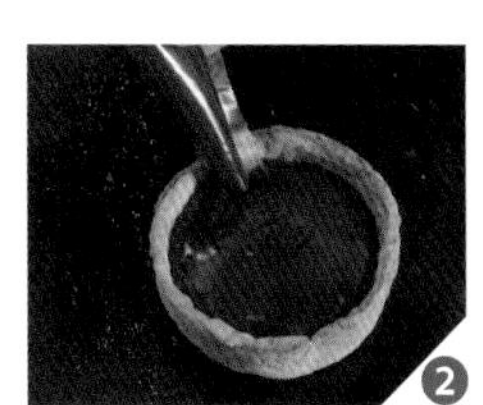
❷

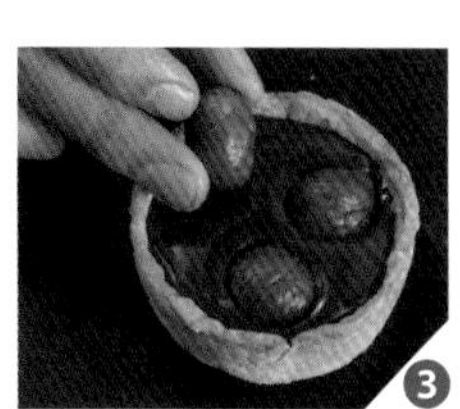
❸

在家也可以做出专业甜派

焦糖卡士达派

材料

适用派皮份量：
直径 8cm，6 个
（60~70 克 / 个）

杏仁奶油馅派皮............6 个
卡士达馅.......................400g
焦糖酱..........................适量
糖坚果、马林糖...........少许

做法

① 将卡士达馅挤入杏仁奶油馅派皮（图 1、2），冷藏至定型。

② 挤上焦糖酱装饰（图 3），摆上糖坚果与马林糖当作装饰即可（图 4、5）。

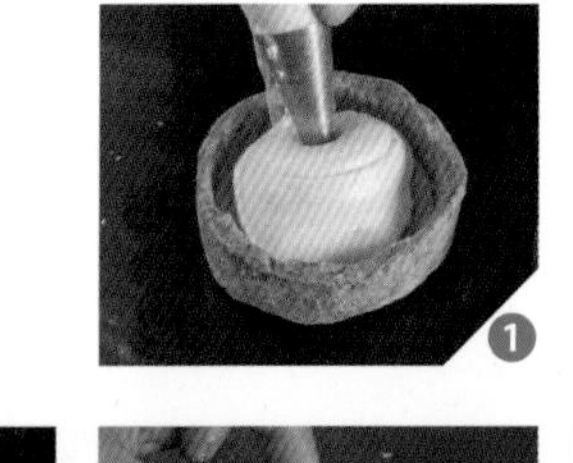

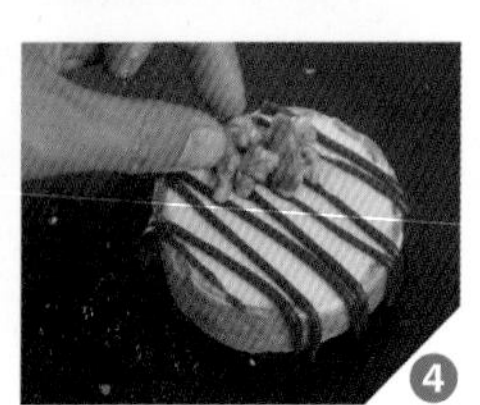

咬一口就能感受到惊喜

抹茶花豆甜派

材料

适用派皮份量：
直径 8cm，6 个
（60~70 克 / 个）

无杏仁奶油馅派皮........6 个
蜜红豆..........................适量
蜜花豆..........................适量
抹茶巧克力酱..............350g
抹茶香缇.......................50g
马林糖、香草荚...........少许

① 将蜜红豆、蜜花豆摆入无杏仁奶油馅派皮（图 1），加入抹茶巧克力酱（图 2）。

② 用花嘴挤上抹茶香缇（图 3）。

③ 放上马林糖或香草荚做装饰即可（图 4）。

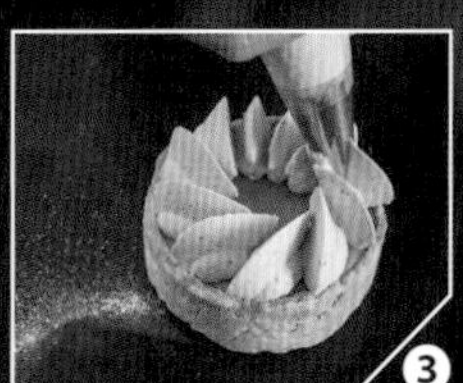

第 4 章
凤梨酥
pineapple shortcrust pastry

凤梨酥可以说是传统大饼的缩小版，
因为内馅偏甜的关系，
传统式凤梨酥通常都是皮多馅少。

何不试着挑战皮馅各半的创新款？
原本是传统口味的中式小点，
可能摇身一变成为符合全球口感的耀眼新星。

凤梨酥 5 个重点

凤梨酥在烘烤时会拓开，
所以一定要用烤模帮助定型，烘烤中需要翻面续烤。

本书配方中，使用糖粉而不是一般的砂糖是希望凤梨酥皮的口感更加细致，细砂糖会让饼皮比较脆。其中，凝结的材料使用的是全蛋，如果只用蛋黄凤梨酥的口感会更松软，但容易掉屑，所以还是建议使用全蛋较佳。

1 低筋面粉加高筋面粉，饼皮更容易制作

面粉选择低筋面粉是为了口感细致，小缺点是饼皮软导致不易整形，会稍微掉屑。可以用低筋面粉加高筋面粉，会更容易制作，若全用高筋也可以，只是口感没那么软。追求健康者，可用10%的全麦面粉替代低筋面粉，但口感上也会偏硬。

2 饼皮软硬度可用蛋黄或稀奶油调整

制作过程中，想要调整凤梨酥皮软硬度的话，可使用蛋黄或稀奶油；如果用水，容易让饼皮出筋，影响口感。

3 无盐黄油打发与否是口感关键

由于配方中不加泡打粉，所以要先将无盐黄油、纯糖粉与盐先打至稍发，奶油由黄渐转成乳白色即可，再分次加入蛋液。无盐黄油打至稍发的饼皮，吃起来会较为酥松；不打发则饼皮口感比较密实，可以视个人喜好调整。

4 配方加入的时机必须确切把握

加入蛋液时要确定达乳化程度，水与油脂必须充分结合，才能再加下一次蛋液；蛋液若加太快或奶油太冰，容易造成油水分离。如果出现前者状况，可以先加入配方中10%的低筋面粉，帮助面团吸收水分，再继续搅打至乳化；如果是奶油太冰则可以利用电吹风帮助提高温度。但如果提前加入低筋面粉，容易让面皮出筋，也会影响口感。

5 内馅可自制也可选购现成

传统式凤梨酥通常都是皮多馅少，本书的西点式凤梨酥则在设计配方时，把皮与馅的比例调整在1：1左右。内馅的部分，填入凤梨酥的内馅并非一般果酱，而是去除水果的水分取其纤维，在制作上比较不容易，建议可购买现成凤梨酱内馅，再加上一些奶油帮助整形。如果内馅较具特殊风味，皮的比例可以稍微调低。如果选择了水分高的内馅，有可能在烘烤时因内馅膨胀而造成饼皮裂开，等到降温后就会自行稍微粘合。

传统式

凤梨酥的酥皮和内馅的角色就像是一部戏的男女主角，
搭配得宜，可以让一场演出获得满堂彩，
如果有一点不般配，无论配方再好，也无法作最完美的演出。

材料

原味
凤梨酥皮

对应凤梨酥份量：
18 个（30 克 / 个）

❶ 无盐黄油................ 100g
❷ 纯糖粉 35g
❸ 盐 2g
❹ 鸡蛋 20g
❺ 低筋面粉 150g
❻ 奶粉 20g

① 先将无盐黄油、纯糖粉、盐打至稍发。

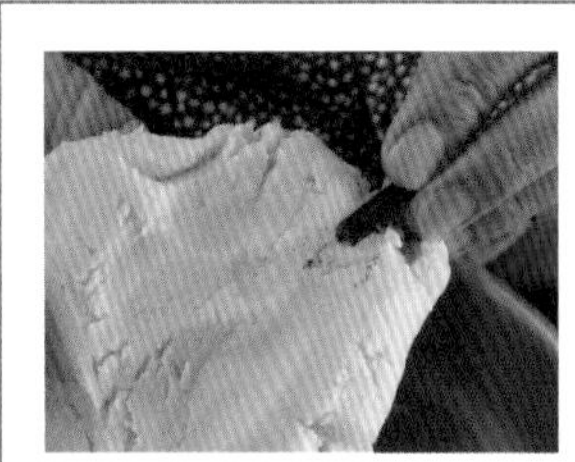

提示 想要传统凤梨酥有与众不同的风味，可以用红糖粉取代纯糖粉，或是搅拌饼皮时加入半条香草荚籽。

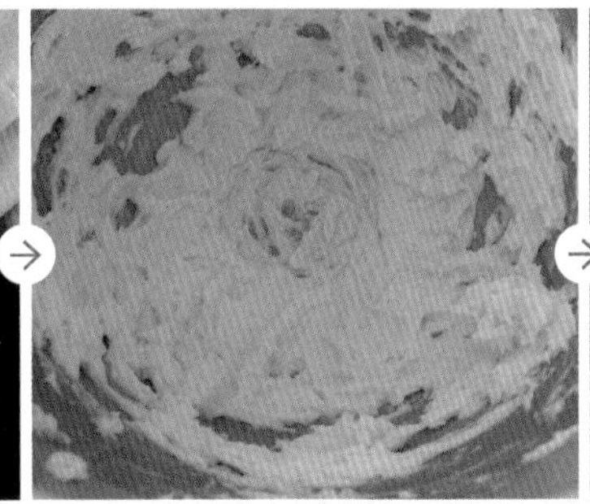
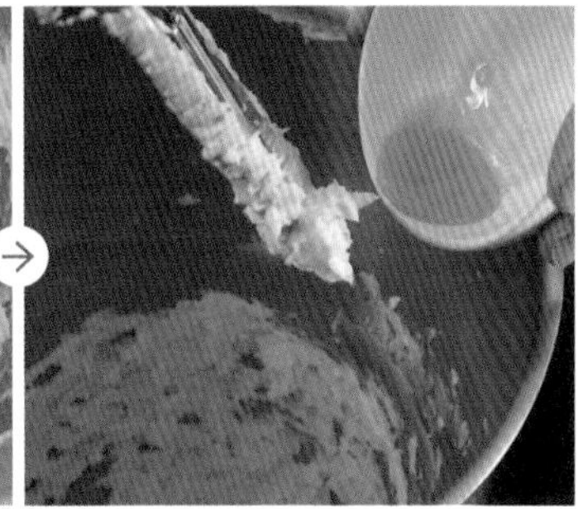

② 分次加入蛋液（至少分两次），避免油水分离。

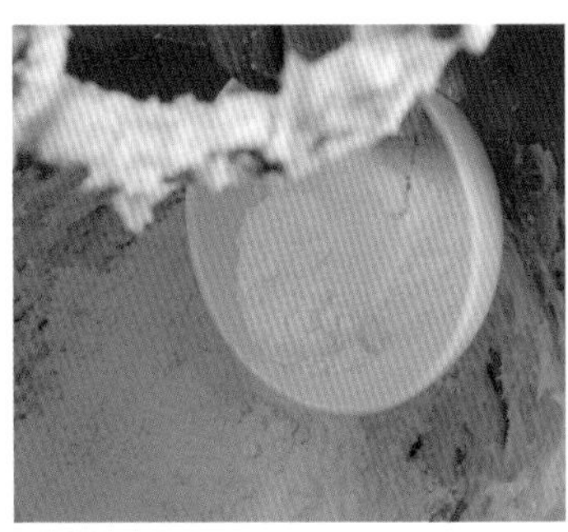

③ 加入低筋面粉与奶粉。

④ 皮擀至约 1.5cm 厚，于冷藏室松弛 30 分钟以上即可。

材料

抹茶凤梨酥皮

对应凤梨酥份量：
18 个（30 克 / 颗）

❶ 无盐黄油................. 100g
❷ 纯糖粉 35g
❸ 盐 2g
❹ 鸡蛋 20g
❺ 低筋面粉 150g
❻ 奶粉 10g
❼ 抹茶粉 10g

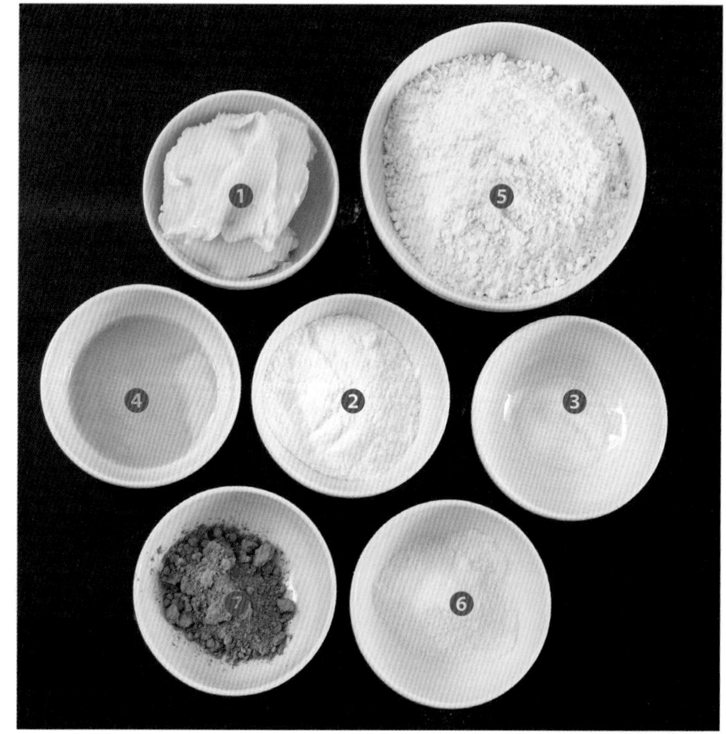

做法

① 先將无盐黄油、纯糖粉、盐打至稍发。

做法

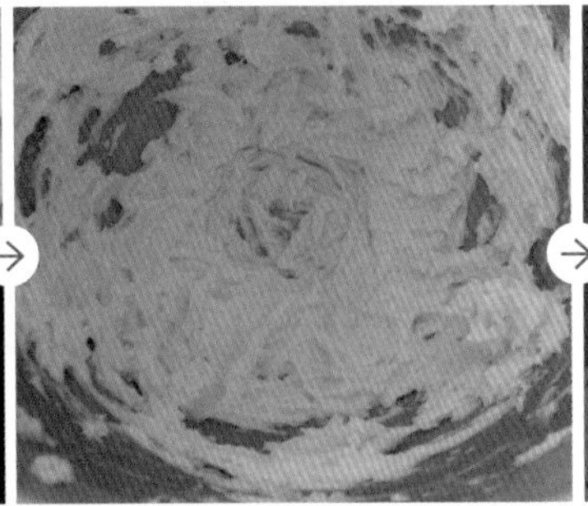
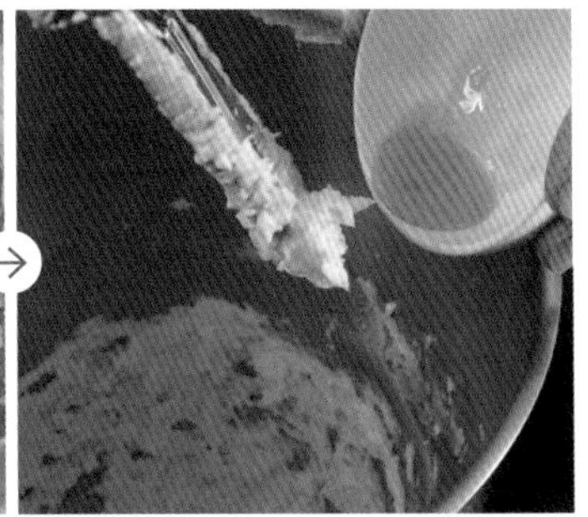

2 分次加入蛋液（至少分二次），避免油水分离。

3 最后加入抹茶粉、低筋面粉、奶粉，将皮擀至约 1.5cm 厚，放进冰箱冷藏 30 分钟以上。

抹茶为何是甜点的百搭风味?

抹茶微苦的茶香，可以有效降低甜点的油腻感，还能提升味蕾的丰富性。

可可凤梨酥皮

如果想变换成可可口味的饼皮，只要用 20g 的可可粉取代前一配方中的 6、7 号材料（奶粉与抹茶粉）即可。
可可饼皮非常适合搭较酸的内馅。

西点式

设计西点式凤梨酥的配方时，以无盐黄油为主，
并不建议用无水奶油替代，会失去风味。

材料

凤梨酥皮

对应凤梨酥份量：
15 个（30 克 / 颗）

❶ 无盐黄油 100g
❷ 纯糖粉 35g
❸ 鸡蛋 50g
❹ 蛋黄 20g
❺ 低筋面粉 200g
❻ 帕玛森芝士粉 20g
❼ 奶粉 10g

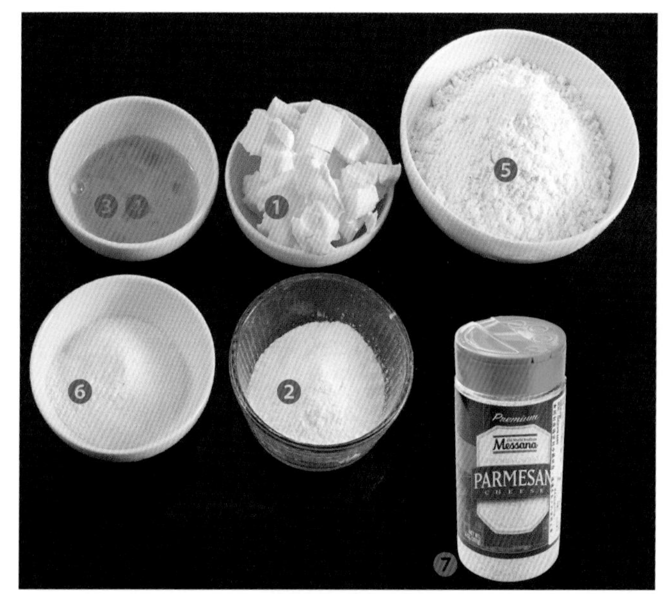

做法

① 先将无盐黄油、纯糖粉打至稍发。

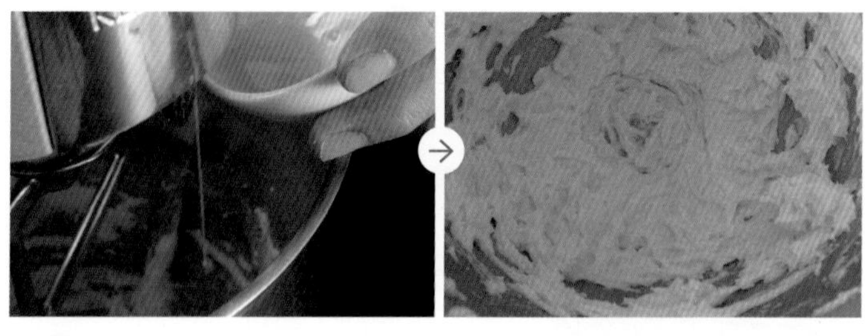

② 分次加入蛋液（至少分二次），避免油水分离。

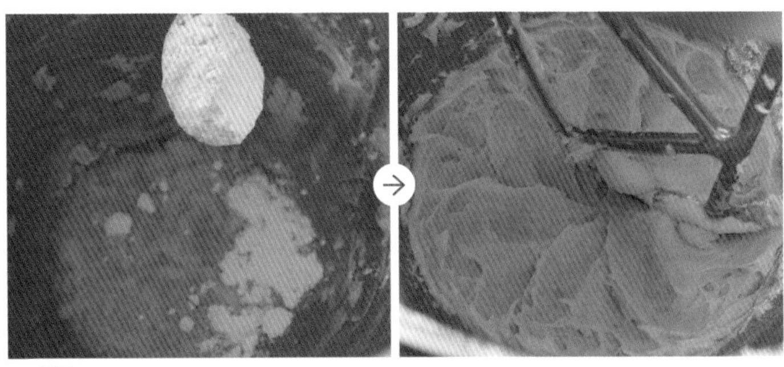

③ 加入低筋面粉、帕玛森芝士粉与奶粉。

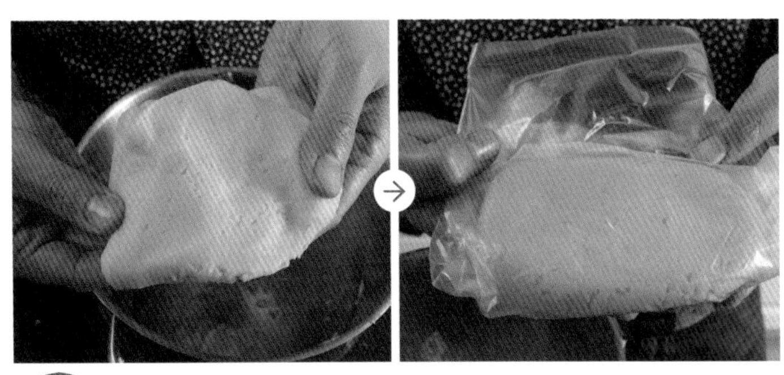

④ 皮擀至约 1.5cm 厚，于冷藏室松弛 30 分钟以上即可。

西点式凤梨酥的要点

- 西点式凤梨酥饼皮多加了鸡蛋与蛋黄，目的在于增加饼皮酥的口感。另外用帕玛森芝士粉取代盐，还能增加凤梨酥皮的香气。
- 如果是用粗粉的帕玛森芝士粉，饼皮会有比较浓郁的香气；若是使用细的芝士粉，饼皮香味则会稍淡一点，并应该略微调整奶粉的量。
- 西点式的凤梨酥饼皮颜色偏黄，跟传统凤梨酥饼皮相比也偏软，所以面团搅打完成后必须放入冷藏室约30分钟左右，才能取出，再填入内馅。但也不能冰太久，以免皮太硬反而不好操作。
- 在打发奶油时也要特别注意，如果过发会失去原本希望赋予凤梨酥的西式风味。
- 利用发酵黄油可弥补饼皮软度不足的问题。
- 制作饼皮时搅打的材料量如果太少，也容易造成油水分离，要特别注意。

整体组装与烘烤

本章后面的内容：组装、烤焙、内馅，
不区分传统式还是西点式。
大家可以用各种馅料与两种酥皮自由组合。

材料

单颗比例：外皮 30g | 内馅 25g
单颗重量：55g（模型高 2.3cm，长宽 4.8cm）

内馅用料：

❶ 凤梨酥馅.................. 220g
❷ 无盐黄油 10g

做法

① 凤梨酥馅与无盐黄油放入调理盆内均匀混合后，以25g 一个的大小捏成圆形备用。

提示 添加无盐黄油是为了帮助内馅操作整形，调好的内馅放冰箱冷藏大约可以保存一周。

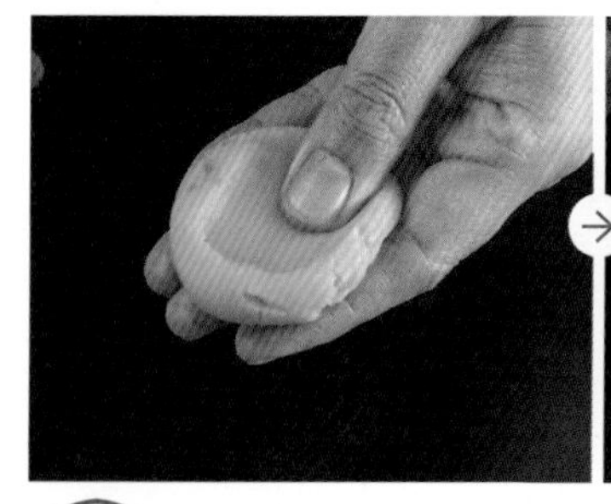
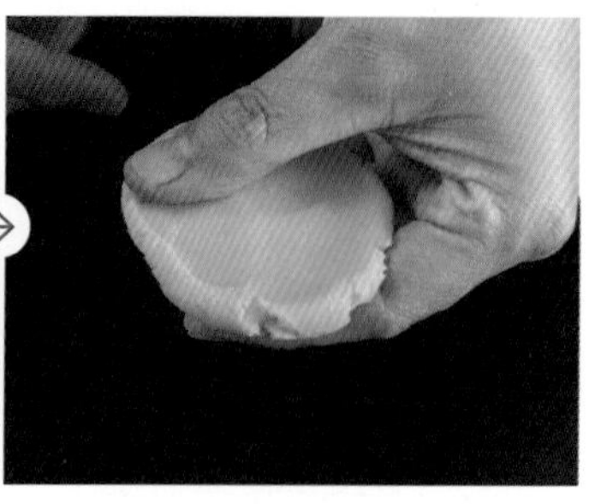

② 将凤梨酥皮用手掌轻压开，约为能包覆内馅的大小。

提示 如果想制作薄皮的凤梨酥，可以用内馅 30g，搭配 25g 的皮。但因为皮较薄，新手在操作时较容易产生皮裂开的情形。

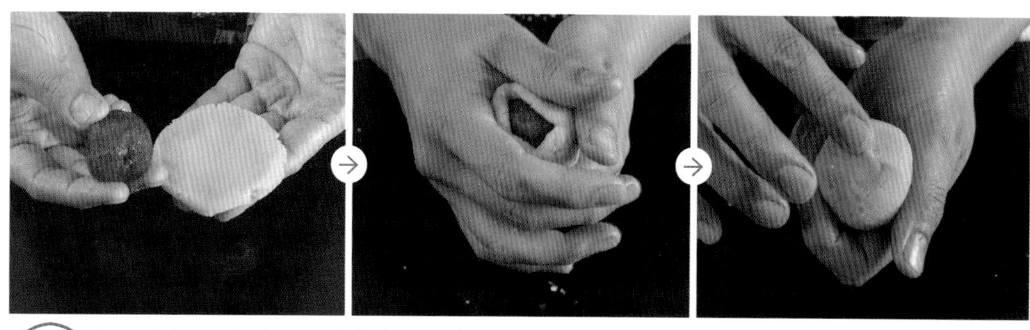

③ 包入内馅，将酥皮轻推以完整包裹内馅。

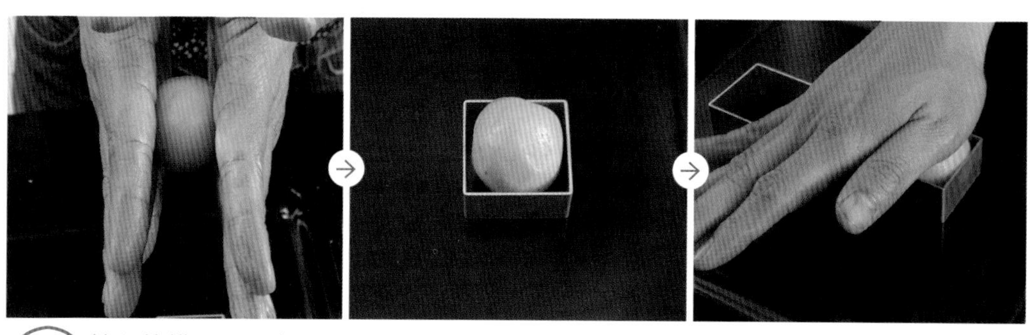

④ 填入烤模，用手掌压平后再用手指轻压边缘至满模。

提示 入模后用手指轻压以推满角落，否则烘烤时周围会冒油。
如果凤梨酥分量不足，可能无法满模。

⑤ 烤箱预热上下火均为 170℃，烤焙 10 分钟即翻面，再烤 13~15 分钟即可完成烤焙。

馅料配方

凤梨的口感深入喉咙

金钻 17 凤梨馅

配方

总重量 1800g（约 60 颗）

17 号金钻凤梨	1500g
细砂糖	300g
海藻糖	100g
水	适量
麦芽糖	240g

做法

① 金钻凤梨去皮，凤梨芯与肉分开打碎备用。

② 在①中，加入细砂糖、海藻糖、水，大火搅拌熬煮 30~40 分钟至水收至膏状。

提示 **海藻糖的功用在于维持风味，但也降低甜度，适合不喜欢吃太甜馅料的人。**

③ 在②中加入麦芽糖，小火搅拌至水分收干。

提示 **加入麦芽糖后，请注意要不停搅拌，以免焦底。份量可自行增减，麦芽糖越多，口感越 Q 弹。**

每口都吃得到馅肉的甘甜

桂圆馅

配方

总重量 1800g（约 60 颗）

生白豆沙 1200g
细砂糖 400g
色拉油 240g
海藻糖 100g
麦芽糖 120g
酒渍桂圆肉 300g

做法

① 生白豆沙、细砂糖、色拉油、海藻糖放入锅内，小火熬煮 20~30 分钟，期间用软刮板不时刮拌，直至均匀混合、收干水分。

② 待①熬煮到刮板拿起后材料不会滴下，即可加入麦芽糖，中小火续煮 15 分钟至水分收干。过程中，仍需不停搅拌以防沾锅焦底。

③ 加入红酒渍桂圆肉调整风味，继续搅拌熬煮至水分收干。

提示 **以红酒 100g 淹过桂圆干，泡一整晚，做成红酒渍桂圆。**

生白豆沙的做法

将白凤豆清洗过后，使用闷煮的方式煮烂成泥状后过筛。
过筛后的生白豆浆用滤布脱水，即成为生白豆沙。
生白豆沙因为无糖、无盐，非常容易酸掉，因此，要马上冷冻保存。

① 白凤豆洗净，用冷水浸 8 个小时或过夜。
② 换水以大火闷煮 5 分钟左右。放凉一点，然后除去豆壳，剩豆瓣。
③ 清洗后，加入新清水并以中火煮豆 25 分钟左右，或待豆瓣一按即散为止。
④ 将煮软的豆瓣放入搅拌机打碎。然后过面粉筛。筛网一定要幼细，不能过粗。
⑤ 过筛后的豆沙要过清水。如想煮好的白豆沙较白，要多过两三次水。（建议可过水 5 次）过水时，要有耐性。慢入清水→搅拌豆沙→沈淀→倒掉上层的污水（漂水）→重复过程。
⑥ 清洗完后，含水的白豆沙过滤布，并充分脱水，即成生白豆沙。

微酸内馅和外皮十分合拍

洛神馅

(配方)

总重量 1800g（约 60 颗）

生白豆沙 1200g
细砂糖 400g
海藻糖 100g
色拉油 240g
麦芽糖 120g
蜜渍洛神花 200g
梅子粉、梅子酒 .... 少许
柠檬汁 .... 少许

(做法)

① 生白豆沙、细砂糖、海藻糖、色拉油放入锅内，小火熬煮 20~30 分钟。期间用软刮板不时刮拌，直至均匀混合、收干水分。

② 待①熬煮到刮板拿起后材料不会滴下，即可加入麦芽糖，中小火续煮 15 分钟至水分收干。过程中，仍需不停搅拌以防沾锅焦底。

③ 在②中加入蜜渍洛神花，继续搅拌熬煮至水分收干。

④ 起锅前再加些柠檬汁调整酸度、梅子粉与梅酒提味即可。

想吃复古口味一定不能错过

传统凤梨冬瓜馅

配方

总重量 1800g（约 60 颗）

冬瓜肉 4000g
凤梨肉 1000g
细砂糖 200g
海藻糖 200g
凤梨汁 500g
麦芽糖 700g
发酵黄油 100g
盐 7g
柠檬汁 .... 少许

做法

① 冬瓜肉、凤梨肉、细砂糖、海藻糖放入锅内，小火熬煮20~30 分钟，此时可加入些微凤梨汁增加风味。期间用软刮板不时刮拌，直至均匀混合、收干水分。

② 待①熬煮到刮板拿起后材料不会滴下，即可加入麦芽糖，中小火续煮 15 分钟至水分收干。过程中，仍需不停搅拌以防沾锅焦底。

③ 在②中加入发酵黄油，继续搅拌熬煮至水分收干。

提示 **避免太早放入黄油，以免馅料出现油耗味。**

④ 起锅前再加些许盐与柠檬汁调整风味及酸度即可。

中点也吹法式风

抹茶栗子馅

(配方)

总重量 1800g（约 60 颗）

生白豆沙 1200g
细砂糖 400g
发酵黄油 140g
海藻糖 160g
麦芽糖 120g
法国无糖栗子泥 150g
法国有糖栗子泥 300g
栗子丁 300g
朗姆酒 ....50g(提香)
香草荚 .... 2 根

(做法)

① 将香草籽以刀背刮出备用。

② 生白豆沙、细砂糖、发酵黄油、海藻糖放入锅内，以小火煮 20~30 分钟，期间用软刮板不时刮拌，直至均匀混合、收干水分。

③ 待①熬煮到刮板拿起后材料不会滴下，即可加入麦芽糖、法国无糖栗子泥、法国有糖栗子泥、栗子丁、朗姆酒与香草籽，并以中小火续煮 15 分钟至水分收干。过程中，仍需不停搅拌以防沾锅焦底，继续搅拌熬煮至水分收干。

提示 **栗子泥、朗姆酒和香草籽份量可自行调整至喜爱的风味。**

清甜中洋溢着浓浓茶香

寒天抹茶馅

配方

总重量 1800g（约 60 颗）

生白豆沙 1200g
细砂糖 500g
色拉油 200g
海藻糖 200g
麦芽糖 120g
日式抹茶粉 150g
寒天粉 2g
朗姆酒 .... 50g（提香）
香草荚 .... 2 根

做法

① 日式抹茶粉先以少许热水泡开后过筛，取抹茶水备用。

提示 **过筛后的抹茶粉一定要在后期加入，以免结粒并影响馅料成色。**

② 生白豆沙、细砂糖、色拉油、海藻糖放入锅内，小火煮20~30 分钟，期间用软刮板不时刮拌，直至均匀混合、收干水分。

③ 待①熬煮到刮板拿起后材料不会滴下，即可加入麦芽糖、朗姆酒、寒天粉与香草籽，中小火续煮 15 分钟至水分收干。过程中，仍需不停搅拌以防沾锅焦底，继续搅拌熬煮至水分收干。

抹茶与咖啡搭配得恰到好处

拿铁咖啡馅

配方

总重量 1800g（约 60 颗）

生白豆沙 1200g
细砂糖 550g
色拉油 200g
海藻糖 120g
麦芽糖 120g
速溶咖啡粉 150g
寒天粉 2g
咖啡利口酒 50g
白美娜浓缩鲜奶 .... 1 罐

做法

① 以研磨咖啡粉煮成浓郁的咖啡液备用。

② 生白豆沙、细砂糖、色拉油、海藻糖放入锅内，小火熬煮 20~30 分钟，期间用软刮板不时刮拌，直至均匀混合、收干水分。

③ 待②熬煮到刮板拿起后材料不会滴下，即可加入麦芽糖，中小火续煮 15 分钟至水分收干。过程中，仍需不停搅拌以防沾锅焦底。

④ 在③中加入速溶咖啡粉与①。

⑤ 加入咖啡利口酒可提味，而寒天粉可避免咖啡粉所产生的油水分离。

⑥ 起锅前再加些许浓缩鲜奶提味即可。

洋溢日式风味的惊艳一品

日式茶梅馅

配方

总重量 1800g（约 60 颗）

生白豆沙 1200g
细砂糖 400g
色拉油 240g
海藻糖 100g
麦芽糖 120g
梅子肉 250g
抹茶粉 15g
百香果泥 50g
梅酒 .... 适量
梅子粉、柠檬汁 .... 少许

做法

① 生白豆沙、细砂糖、色拉油、海藻糖放入锅内，小火熬煮20~30 分钟，期间用软刮板不时刮拌，直至均匀混合、收干水分。

② 待①熬煮到刮板拿起后材料不会滴下，即可加入麦芽糖，中小火续煮 15 分钟至水分收干。过程中，仍需不停搅拌以防沾锅焦底。

③ 加入梅子肉、抹茶粉，继续搅拌熬煮至水分收干。

④ 起锅前再加些许百香果泥、梅酒、梅子粉提味、柠檬汁调整酸度即可。

微苦可可皮搭配酸甜内馅

红酒蔓越莓馅

配方

总重量 1800g（约 60 颗）

生白豆沙 1200g
细砂糖 400g
色拉油 ....240 g
海藻糖 100g
麦芽糖 120g
红酒渍蔓越莓 200g
柠檬汁 .... 少许

做法

① 生白豆沙、细砂糖、色拉油、海藻糖放入锅内，小火熬煮 20~30 分钟，期间用软刮板不时刮拌，直至均匀混合，收干水分。

② 待①熬煮到刮板拿起后材料不会滴下，即可加入麦芽糖，中小火续煮 15 分钟至水分收干。过程中，仍需不停搅拌以防沾锅焦底。加入红酒渍蔓越莓，继续搅拌熬煮至水分收干。

提示 **测试馅料是否收干水分、熬煮完成时，可用刮板刮起一小球后，捏成长条状，立于刮板上，若馅料软倒，就表示成形完成。整体状态呈现不过湿、不沾黏刮板的黏土状，绝对不能有过湿、水分未收干的状态。**

③ 起锅前再加些许柠檬汁调整酸度。

提示 **也可以再加 100g 红酒后收干水分，让馅料的整体风味更为浓郁。**

口味浓郁的复古滋味

枣泥馅

配方

总重量 1800g（约 60 颗）

生白豆沙 1200g
细砂糖 400g
海藻糖 100g
色拉油 240g
麦芽糖 120g
红枣 100g
黑枣 400g
新鲜凤梨 175g
柠檬汁 .... 少许

做法

① 新鲜凤梨去皮打碎，将凤梨芯与肉分开备用。

② 红枣、黑枣洗净，去籽去皮后以石磨磨碎。

③ 取一容器，放入②并加入适量水（份量外）、细砂糖以中小火熬煮成浓稠的枣泥浆约 1700g，放冷。

④ 向枣泥浆锅内加入生白豆沙、细砂糖、海藻糖与①，小火熬煮 20~30 分钟。

⑤ 待④熬煮到刮板拿起后材料不会滴下，即可加入麦芽糖，中小火续煮 15 分钟至水分收干。过程中，仍需不停搅拌以防沾锅焦底。

⑥ 加入柠檬汁调整酸度即可。

亚热带百香果的滋味

百香金柚馅

(配方)

总重量 1800g（约 60 颗）

生白豆沙 1200g
细砂糖 500g
色拉油 250g
海藻糖 200g
麦芽糖 120g
百香果泥 200g
柚子皮屑 200g
柠檬汁 .... 少许

(做法)

① 生白豆沙、细砂糖、色拉油、海藻糖放入锅内，小火熬煮 20~30 分钟，期间用软刮板不时刮拌，直至均匀混合、收干水分。

② 待①熬煮到刮板拿起后材料不会滴下，即可加入麦芽糖，中小火续煮 15 分钟至水分收干。过程中，仍需不停搅拌以防粘锅焦底。

③ 加入百香果泥、柚子皮屑调整风味，继续搅拌熬煮至水分收干为止。

④ 起锅前再加些许柠檬汁调整酸度即可。

传统中点走创新风格

蓝莓馅

配方

总重量 1800g（约 60 颗）

生白豆沙……1200g
细砂糖……400g
色拉油……240g
海藻糖……100g
麦芽糖……120g
红酒渍蓝莓干……200g
柠檬汁……少许
蓝莓果泥……100g
朗姆酒……75g

做法

① 生白豆沙、细砂糖、色拉油、海藻糖放入锅内，小火熬煮 20~30 分钟，期间用软刮板不时刮拌，直至均匀混合、收干水分。

② 待①熬煮到刮板拿起后材料不会滴下，即可加入麦芽糖，中小火续煮 15 分钟至水分收干。过程中，仍需不停搅拌以防沾锅焦底。加入红酒渍蓝莓干，继续搅拌熬煮至水分收干。

③ 起锅前再加入蓝莓果泥与朗姆酒调风味，些许柠檬汁调整酸度即可。

夏末初秋的最佳消暑点心

芒果馅

配方

总重量 1800g（约 60 颗）

生白豆沙 1200g
细砂糖 400g
海藻糖 100g
色拉油 240g
麦芽糖 120g
白兰地酒渍芒果丁 300g
芒果泥 300g
芒果利口酒 .... 少许
柠檬汁 .... 少许

做法

① 生白豆沙、细砂糖、海藻糖、色拉油放入锅内，以小火熬煮 20~30 分钟。期间用软刮板不时刮拌，直至均匀混合、收干水分。

② 待①熬煮到刮板拿起后材料不会滴下，即可加入麦芽糖，中小火续煮 15 分钟至水分收干。过程中，仍需不停搅拌以防沾锅焦底。

③ 在②中加入酒渍芒果丁，继续搅拌熬煮至水分收干。

提示 **100g 白兰地淹过芒果干丁泡一整晚，作成酒渍芒果丁。**

④ 起锅前加些柠檬汁调整酸度、芒果泥与芒果利口酒提味。

酒香点缀馅肉的香醇

酒酿桂圆馅

配方

总重量 1800g（约 60 颗）

生白豆沙……1200g
细砂糖……400g
色拉油……240g
海藻糖……150g
麦芽糖……120g
朗姆酒……100g
红酒渍桂圆肉……250g

做法

① 生白豆沙、细砂糖、色拉油、海藻糖放入锅内，小火熬煮20~30 分钟，期间用软刮板不时刮拌，直至均匀混合、收干水分。

② 待①熬煮到刮板拿起后材料不会滴下，即可加入麦芽糖，中小火续煮 15 分钟至水分收干。过程中，仍需不停搅拌以防沾锅焦底。

③ 加入朗姆酒、红酒渍桂圆肉调整风味，继续搅拌熬煮至水分收干。

提示 **100g 红酒淹过桂圆肉，泡一整晚，作成红酒渍桂圆肉。**

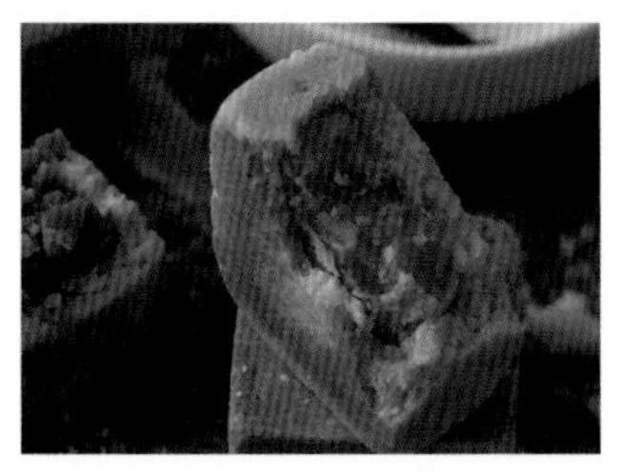

香气四溢的杏桃香

杏桃酒酿馅

配方

总重量 1800g（约 60 颗）

生白豆沙 1200g
细砂糖 370g
色拉油 240g
海藻糖 100g
麦芽糖 120g
朗姆酒渍杏桃干 350g
杏桃果泥 200g
水蜜桃利口酒 .... 适量
柠檬汁 .... 少许
姜黄粉 ..... 少许（调整颜色）

做法

① 生白豆沙、细砂糖、色拉油、海藻糖放入锅内，小火熬煮20~30 分钟，期间用软刮板不时刮拌，直至均匀混合、收干水分。

② 待①熬煮到刮板拿起后材料不会滴下，即可加入麦芽糖，中小火续煮 15 分钟至水分收干。过程中，仍需不停搅拌以防沾锅焦底。

③ 加入朗姆酒渍杏桃干、杏桃果泥继续搅拌熬煮至水分收干。

提示 **也可以再加 100g 朗姆酒后收干水分，让馅料的整体风味更为浓郁。用 200g 红酒淹过 150g 杏桃干碎，泡一整晚，作成朗姆酒渍杏桃干。**

④ 起锅前再加些许柠檬汁调整酸度、姜黄粉调整黄色色泽、水蜜桃利口酒调整风味即可。

提示 **建议在家里准备一些利口酒，熬煮馅料时，适量加入提味，可让馅料更显风味。**

第 5 章

蛋黄酥

yolk pastry

吃一口内馅饱满、香甜的蛋黄酥，
是许多人到了中秋佳节最期待的美事。
层层的外皮内到底藏的是什么样的口味呢？
何不来一场味觉的华丽冒险！

同样圆润、可爱的外形，
不咬一口就不知道在口中迸发的火花，
让蛋黄酥多了一种游戏般的趣味。

蛋黄酥 4 个重要概念

除了凤梨酥以外，最经典的中式点心就是蛋黄酥了。
每年中秋节如果没有享用到这一味就好像没有跨过农历八月十五似的。

蛋黄酥的水油皮一定要光滑，油皮光滑才能保留水分，酥皮才好吃。

传统油皮类的点心，饼皮一定要软，这样口味会更特出，但较软的饼皮相对也会比较难操作；若饼皮偏硬，口感则会稍微偏干。

1 混合高筋面粉与低筋面粉

本书的配方不像传统的做法使用中筋面粉，而是混合高筋面粉与低筋面粉，主要目的在于，使层次感较丰富。

一般水油皮的蛋黄酥配方会利用盐来提升油皮的香气，加糖帮助上色，也能使油皮比较柔软。

2 掌握皮馅比例表现层次口感

蛋黄酥最好的皮馅比例是，皮3馅2，是比较好操作的软硬程度，而且具有层次感。如果喜欢入口即化的人，可以将皮馅比例调整为1∶1，但相对会比较腻口。

3 中西外皮配方呈现不同风味

本书提供传统式蛋黄酥与西点式蛋黄酥，两种配方的差异在于，传统式使用的是猪油，但不一定要特别使用水煮猪油。西点式的则是使用无盐发酵黄油，黄油会让蛋黄酥的香味更强烈。

另外要提醒的是，油皮与油酥如果没能当天使用，可以放冰箱冷冻，隔天退冰至常温就可以继续使用。

4 烤咸蛋黄时可喷酒添味

烤咸蛋黄时，如果家里的烤箱有旋风功能，可以先用150℃（旋风）烤15~20分钟，再降到100~120℃用低温再烤5~10分钟。途中也可以喷上米酒或高粱酒等高浓度酒精的酒类，开烤箱喷2~3次，各间隔3~5分钟，烤好后，稍微吸干表层的油脂。

但要注意的是，高温烤咸蛋黄，虽然会烤得比较快，但烤完后蛋黄外壳较硬，容易出油，建议还是用低温慢焙为佳。

传统式酥油皮

传统油皮与油酥的比例为3：2，这样搭配的外皮会具有丰富层次，
如果想要更入口即化，可以将比例调整成1：1。
油皮及油酥都可以冷冻后，回温再使用。

本书中蛋黄酥各部分比例：

油皮 15g

油酥 10g

内馅 30g

***此处内馅重量不包含咸蛋黄**

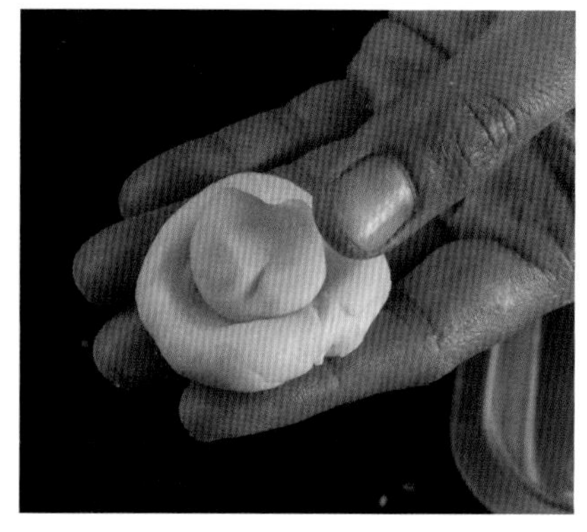

传统油皮

制作传统油皮要特别注意的是，材料中的猪油一定要冰，否则制作出来的油皮会太软，不好操作。搅拌油皮时的温度也不能太高。

后面加入的水则要用温水，才不会导致面团收缩、破皮，但温度也不能太高。

少许的盐能提升传统油皮的风味，让香气更明显；而糖则能帮助上色，吃起来皮也会比较松软。

由于各厂牌面粉的吸水性不同，水量可以酌情增减（如果你使用中筋面粉来替代高筋、低筋面粉的混合体，用水量也可以有些调整）。另外，室温也会影响水量，当室温高时，水量就需要减少；温度低时，则需要稍微增加水量。

材料

❶ 高筋面粉 100g
❷ 低筋面粉 100g
❸ 盐 4g
❹ 细砂糖 15g
❺ 猪油 60g
❻ 温水 100g
（以 38~40℃为佳）

做法

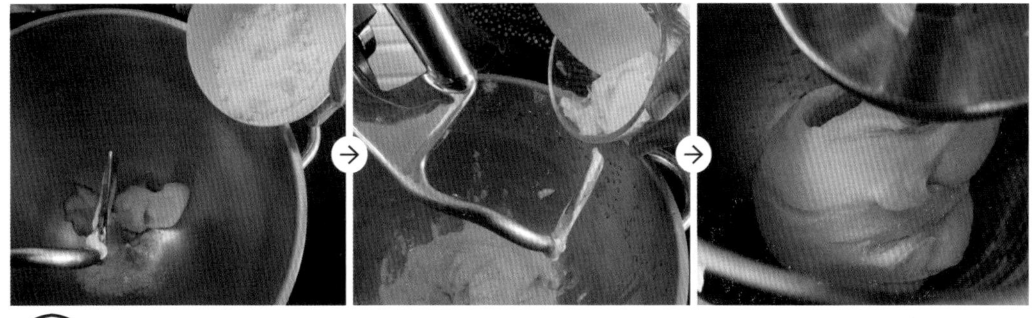

① 除了水以外的材料倒入缸中，使用勾状搅拌棒，低速搅拌。

做法

② 搅拌途中，一边将水倒入，拌至面团表面光滑。

③ 常温下松弛至少 30 分钟以上，但不超过 6 小时。

材料

传统油酥

❶ 低筋面粉.................. 140g
❷ 猪油 .... 70g（传统式）

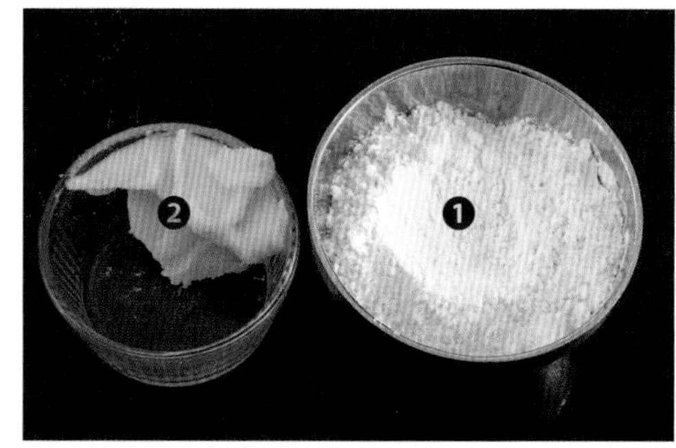

做法

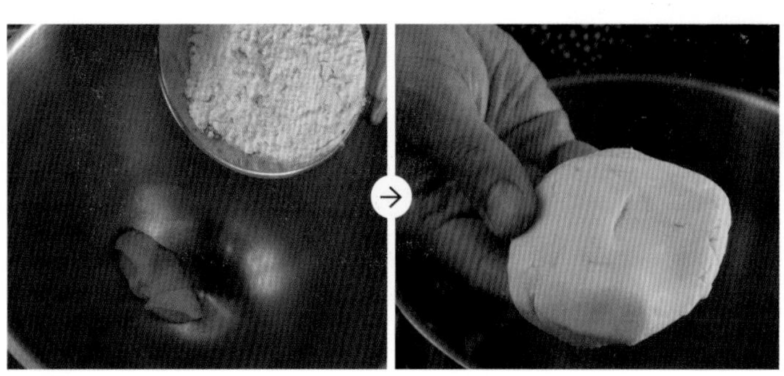

① 所有材料倒入搅拌缸中，使用勾状搅拌棒，低速搅拌均匀即可。

提示 传统油酥所使用的是低筋面粉，因为口感较细致，也可以用中筋面粉，就无须过筛，但不会用高筋面粉。

西点式酥油皮

西点式的蛋黄酥面团添加了黄油，面团色泽会偏黄；
为免风干，建议尽量在2小时内捏制完送入烤箱。

本书中蛋黄酥各部分比例：

油皮 15g

油酥 10g

内馅 30g

***此处内馅重量不包含咸蛋黄。**

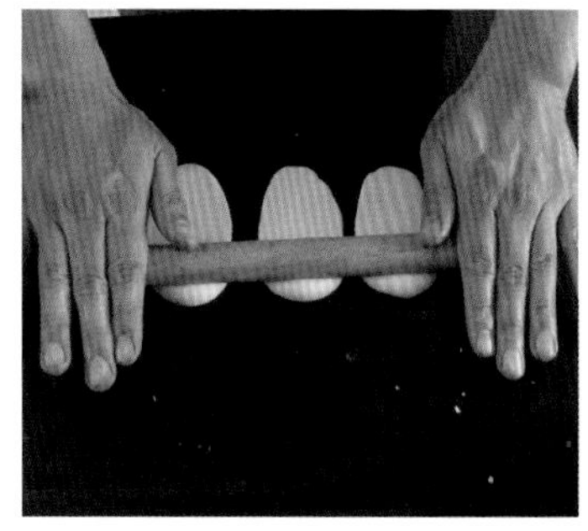

西点式油皮

西点式的蛋黄酥以黄油取代传统的猪油，另外添加了可以软化面筋的酸奶油，让西点式蛋黄酥相较之下多了些许香气，饼皮较软，口感也较为湿润，只是成本较高。由于饼皮会比较软，操作上难度增加。实际中可以综合面粉特性等情况，将材料中的鲜奶稍微增减 5~10g，来调整面团的软硬度。

如果希望蛋黄酥吃起来更酥香，可以把西点式油酥的无盐黄油，以无水奶油取代。

材料

❶ 高筋面粉 100g
❷ 低筋面粉 100g
❸ 盐 4g
❹ 细砂糖 15g
❺ 无盐黄油 70g
（退冰至 20~22℃）
❻ 酸奶油 50g
❼ 鲜奶 70g

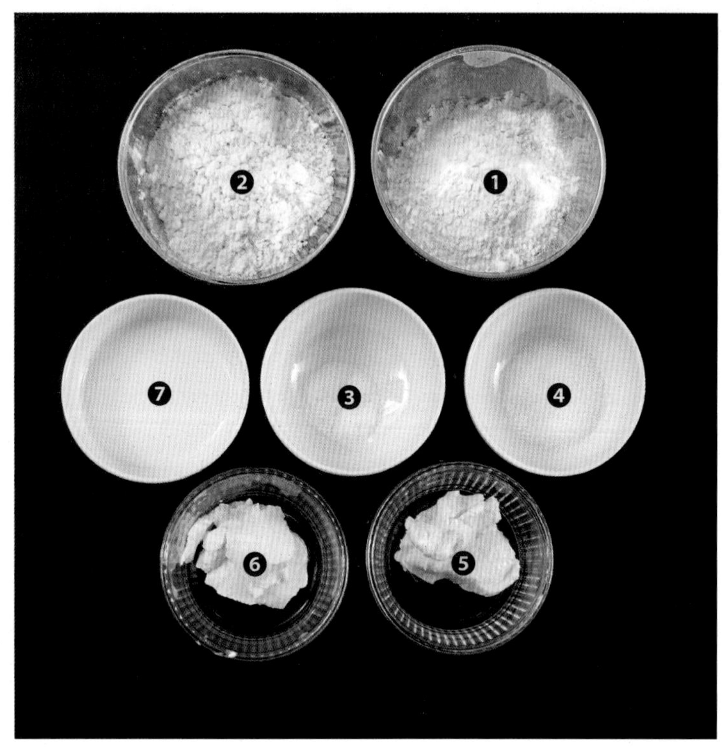

做法

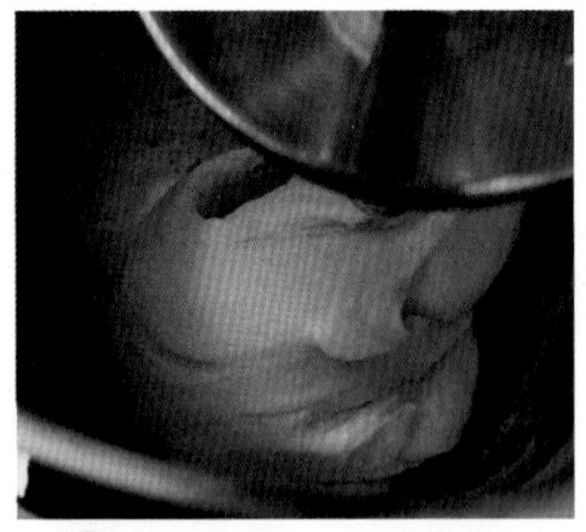

① 先将盐、细砂糖、无盐黄油倒入搅拌缸中，再加入粉类，以勾状搅拌棒搅拌。

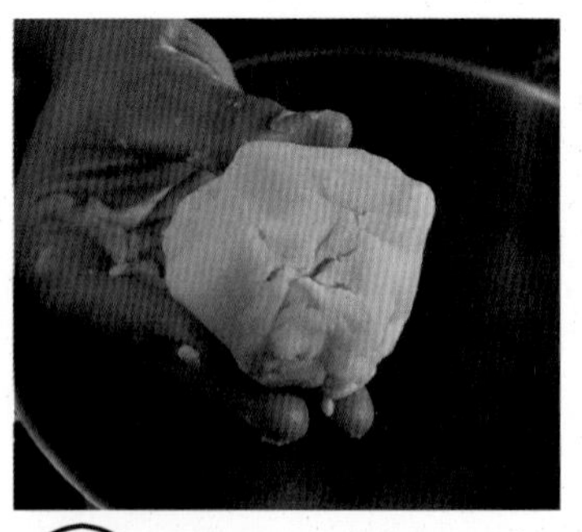

② 将酸奶油与鲜奶倒入，拌至表面光滑。

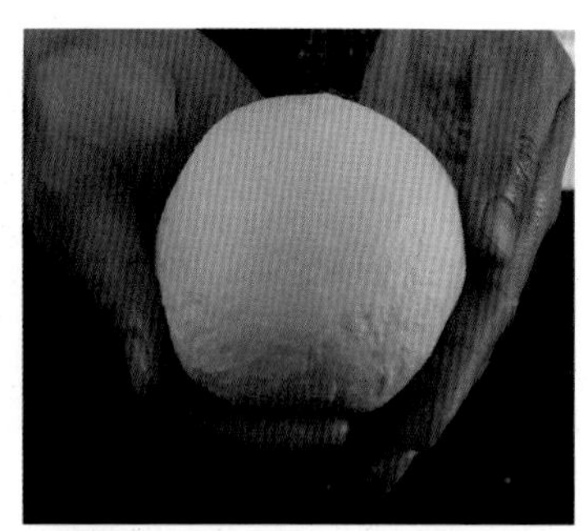

③ 在常温下松弛至少 30 分钟，最多不超过 6 小时。

西点式油酥

西点式油酥因为加了黄油，所以做起来色泽偏黄，也让口感较扎实。如果想要更酥的口感，可以用无水奶油替代无盐黄油。

配方中多添加了奶粉，让西点式蛋黄酥，具有更浓厚的奶香。

制作好的西点式油酥可以在常温下放置半天，但为了防止油酥干掉，建议还是尽量在 2 小时内使用完毕。

材料

❶ 低筋面粉 140g
❷ 奶粉 10g
❸ 无盐黄油 85g

做法

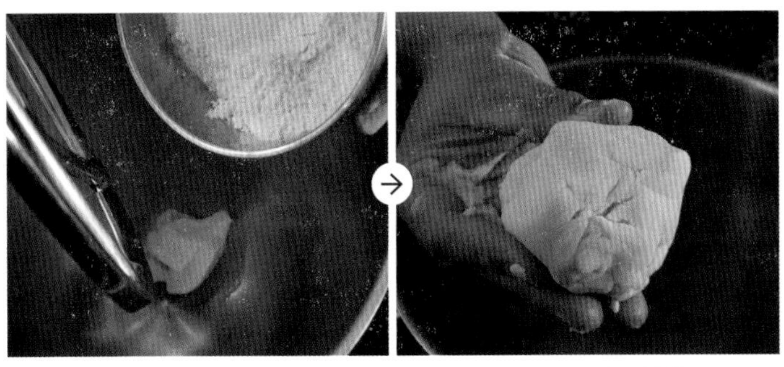

所有材料倒入搅拌缸中，使用勾状搅拌棒，低速搅拌均匀即可。

烤咸蛋黄

咸蛋黄是蛋黄酥的核心部分。
这一章后面的"馅料配方"说明的是酥油皮与咸蛋黄之间的可变的内馅。
此外，咸蛋黄也可以改成更素的纯糯米白糍粑（麻糬），
从而做成"麻糬酥"。

材料

❶ 咸蛋黄.................... 20 颗
❷ 巴萨米克醋............. 适量
❸ 高粱酒..................... 适量

做法

提示 **建议在咸蛋黄刚烤好时，趁热刷上巴萨米克醋，可增加咸蛋黄的浓郁度，内馅也会具有另一种迷人的异国风味。**

① 烤箱预热至 190 ℃，将咸蛋黄铺整齐烤盘，烤约 12~15 分钟。

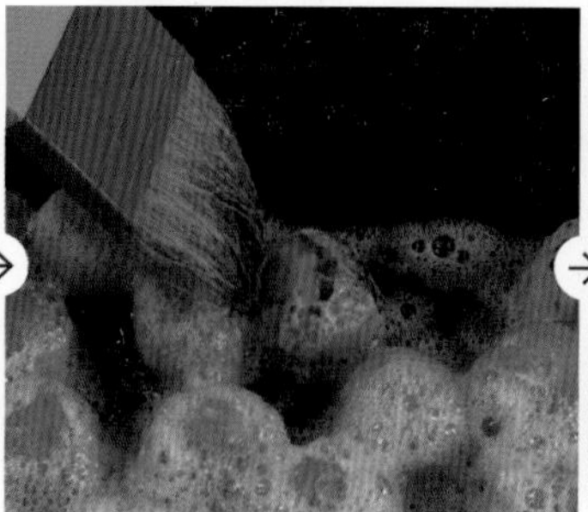

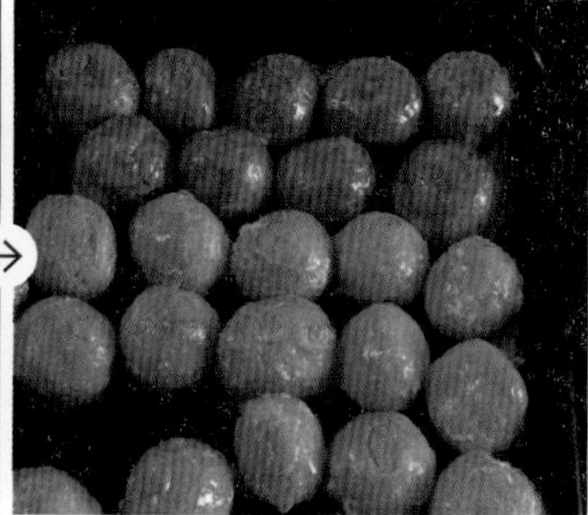

② 中途烤 8~10 分钟，至咸蛋黄的表面变白，底部冒泡时，就可以先喷酒，帮助去除蛋的腥味。一般来说，酒的酒精浓度越高越好。

整体包制烘焙

本书所设定的配方份量比传统蛋黄酥尺寸小一点，主要取容易入口的优点，如果想要大一点或更小一点的，可以自行再按比例调整配方。

油皮与油酥的比例为 3 ： 2，搭配的饼皮具有比较好操作的软硬度，而且具有丰富的层次感。如果想要更入口即化，可以将比例调整成 1 ： 1，但相对会比较腻口。

油皮及油酥都可以冷冻后，回温再使用。

材料

份量：（20 颗，55~60 克 / 颗）

单颗组成比例：

油皮 15g

油酥 10g

内馅（不包含咸蛋黄）30g

内部：

❶ 豆沙馅 600g

❷ 咸蛋黄 .... 20 颗

表面：

❶ 蛋黄 40g

❷ 白美娜浓缩鲜奶 10g

❸ 芝麻 .... 适量

做法

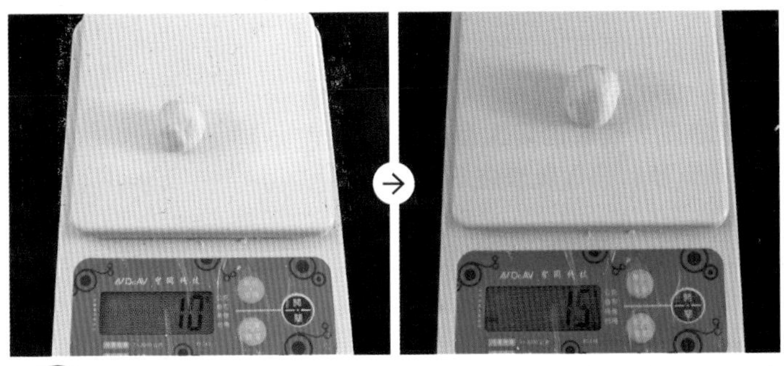

① 将油酥、油皮搓成长条后分团，油酥每团约 10g，油皮每团 15g。

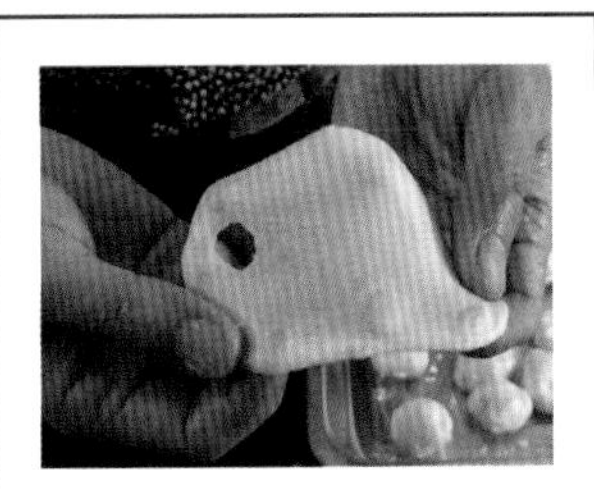

提示 油皮松弛不够，导致裂开。

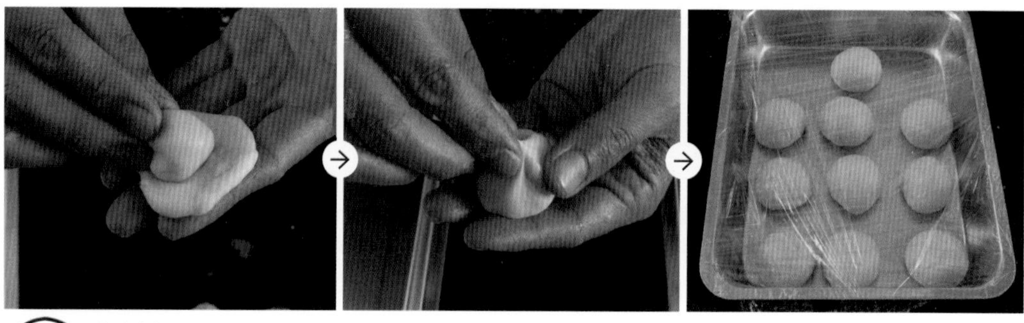

② 油皮摊开，包入油酥后静置 10~15 分钟。

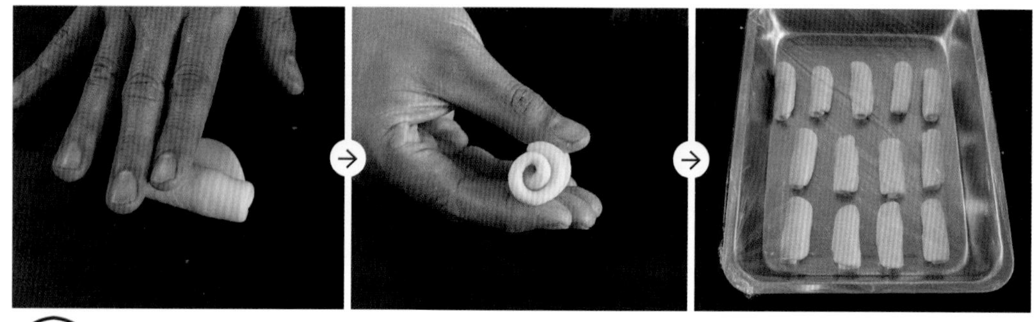

③ 包面朝下，将面团擀长，由上往下卷起，约二圈。室温松弛约 20 分钟，松弛时要注意用保鲜膜封好，以免表皮干硬。

提示

①若面团擀开太多、卷圈数过多，会导致面团筋性太强，容易破皮裂开。（右图左边为擀开太多，右边为正确。）

②若油酥皮擀卷时裂开，也可能是酥油皮太硬或温度太低，可以再松弛 20 分钟后操作。但松弛时一定要封好以免表皮干硬，继而造成烘烤的成品裂开。

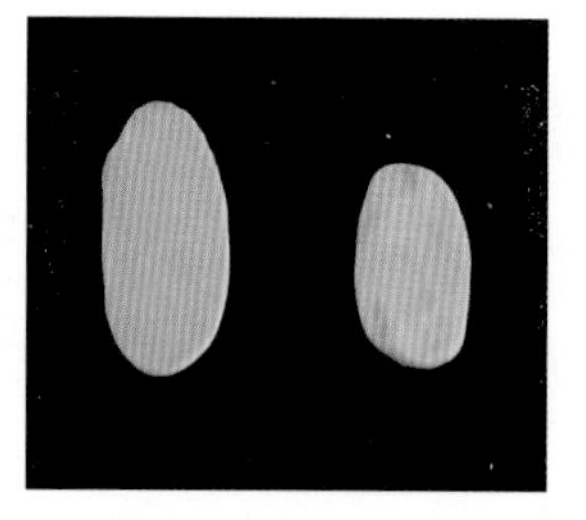

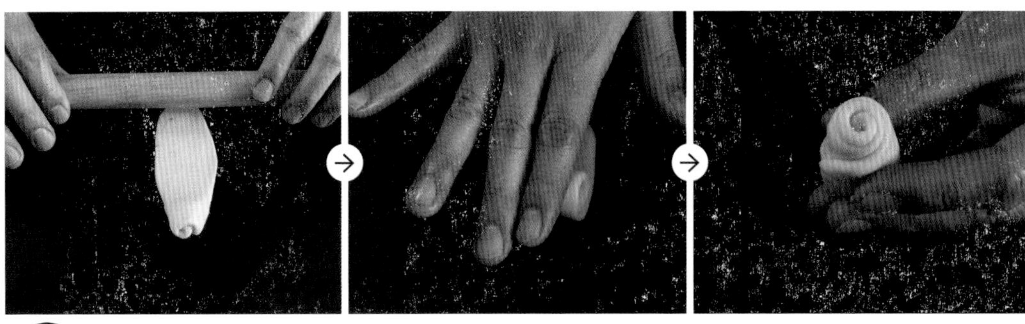

④ 二次擀卷。擀平，大约卷三圈，擀长时无须太薄以免烘烤时皮裂开。再松弛，准备包入内馅。

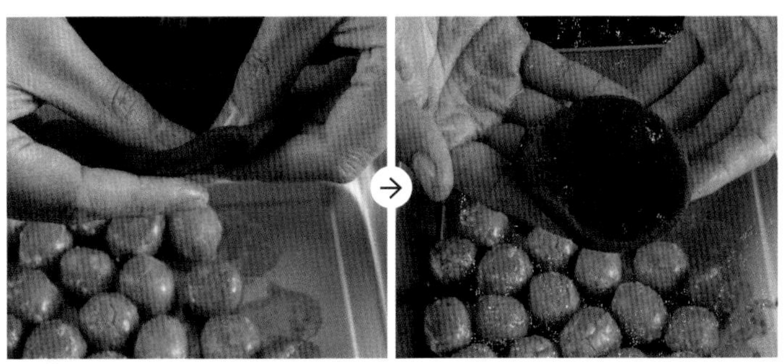

提示 以大拇指及手掌把内馅轻推，让空气确实排出，以免烘烤后产生空洞。

⑤ 将豆沙馅捏成团，由中心推开。

⑥ 豆沙馅中间放入烤焙完成的咸蛋黄，确实包好收口。

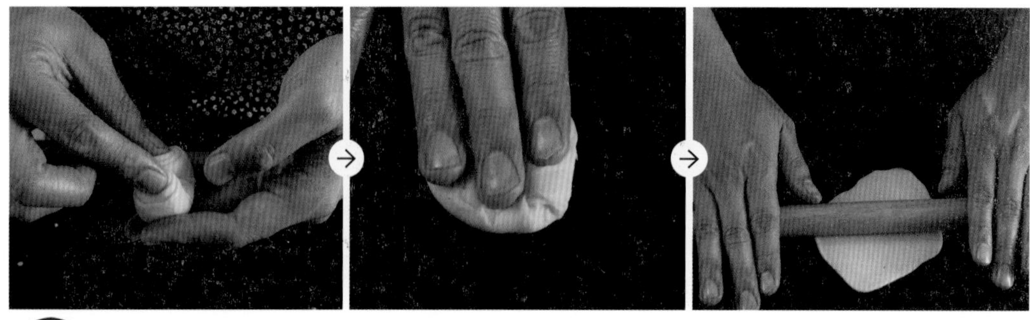

⑦ 将④中松弛完成的酥油皮面团的两端向中间折，封底朝下擀平。擀平的大小视内馅多少而定。

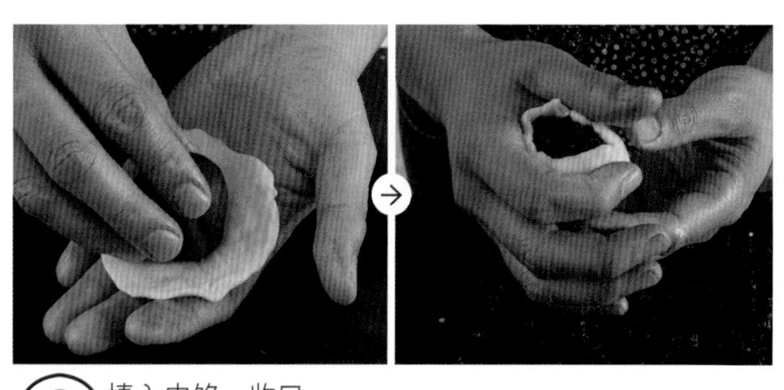

⑧ 填入内馅，收口。

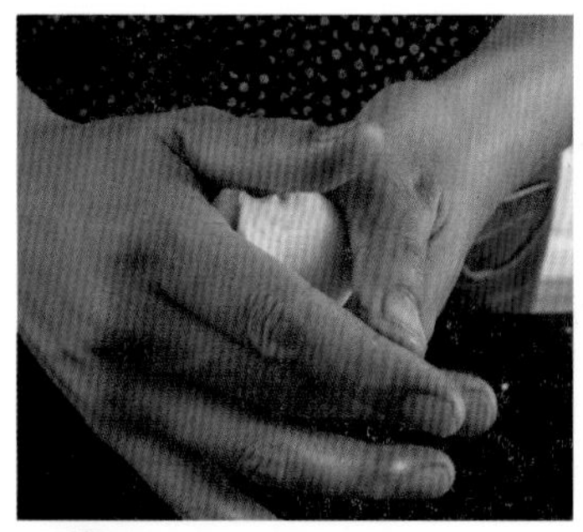

⑨ 包好的蛋黄酥一定要再松弛 30 分钟。

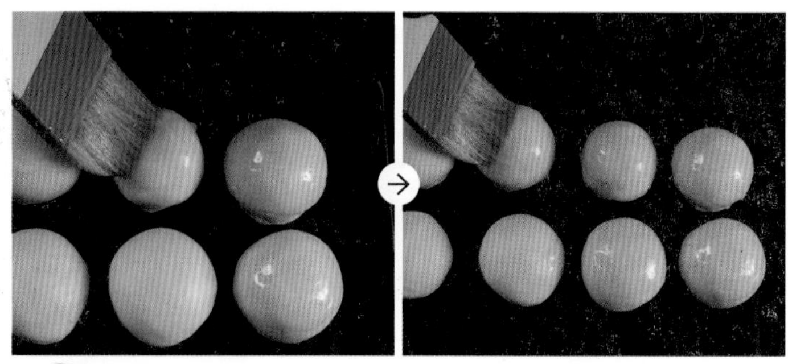

⑩ 将蛋黄与浓缩鲜奶调匀，刷在蛋黄酥的表面。静置 15~20 分钟，再刷第二次蛋黄，静置到表面干燥。

11 用手指沾水，沾取白芝麻，再沾附在蛋黄酥的表面。

12 烤箱预热至 190℃，将⑪放入烤箱烤焙 20~25 分钟即可。

馅料配方

抹茶与麻糬是最合拍的伙伴

抹茶麻糬酥

在内核用麻糬来替代咸蛋黄，可以满足全素者的需求。

这里的纯白色“麻糬”内核，读者可以购买现成的纯糯米糍粑，切小块即是。

馅料配方

总重量 1800g（约 60 颗）

生白豆沙 1200g
细砂糖 500g
发酵黄油 60g
色拉油 200g
海藻糖 200g
麦芽糖 120g
日式抹茶粉 150g
寒天粉 2g
朗姆酒 ....50g(提香)
香草荚 .... 2 根

馅料做法

① 日式抹茶粉先以少许热水泡开后过筛，取抹茶水备用。

提示 过筛后的抹茶粉一定要在后期加入，以免结粒并影响馅料成色。

② 生白豆沙、细砂糖、发酵黄油、色拉油、海藻糖放入锅内，小火煮 20~30 分钟，期间用软刮板不时刮拌，直至均匀混合、收干水分。

提示 生白豆沙的做法规第 211 页。

③ 待②熬煮到刮板拿起后材料不会滴下，即可加入麦芽糖、朗姆酒、寒天粉与香草荚籽，中小火续煮 15 分钟至水分收干。过程中，仍须不停搅拌以防粘锅焦底，继续搅拌熬煮至水分收干。

能量的火花在口中迸开来

黑芝麻蛋黄酥

馅料配方

总重量 1800g（约 60 颗）

生白豆沙 1200g
细砂糖 400g
麦芽糖 100g
黑芝麻粉 500g
转化糖浆 300g
黑麻油 50g
盐 3g

馅料做法

① 生白豆沙、细砂糖、麦芽糖放入锅内，小火熬煮 20~30 分钟。

② 在①中加入黑芝麻粉。此时会有些许出油的状况。

提示 **熬煮黑芝麻馅时为了压过黑芝麻的苦味，尽可能使用一般甜度的细砂糖。**

③ 在②中加入转化糖浆，避免馅料过干。

④ 最后加入黑麻油和盐，期间用软刮板不时刮拌，直至均匀混合、收干水分即可。

绝对难忘的传统滋味

白豆沙蛋黄酥

馅料配方

总重量 1800g（约 60 颗）

生白豆沙 1500g
细砂糖 600g
海藻糖 150g

馅料做法

① 生白豆沙、细砂糖、海藻糖放入锅内，小火煮 20~30 分钟。

② 期间用软刮板不时刮拌，直至均匀混合、收干水分。

每部分都是美味关键

乌豆沙麻糬酥

馅料配方

总重量 1800g（约 60 颗）

红豆……1200g
水……800g
细砂糖……520g
海藻糖……80g
发酵奶油……60g
麦芽糖……240g
盐……少许

馅料做法

① 红豆加清水（份量外），淹过红豆，浸泡一夜备用。

② 倒掉浸泡红豆的水后，另加入 600g 清水熬煮去涩，至水滚后倒掉滚水。

③ 将②的红豆、细砂糖、200g 水放入锅内以中小火熬煮 30~60 分钟，直至红豆熟透。

④ 煮好的红豆趁热用调理机打碎，过筛去壳后静置待凉备用。

⑤ 另起锅，在④中加入麦芽糖，中小火拌煮 15 分钟至水分收干。

⑥ 最后加入盐搅拌均匀即可。

绿豆沙馅

配方

总重量 1800g（约 60 颗）

生绿豆仁……1000g
水……800g
细砂糖……600g
海藻糖……150g
色拉油……70g
发酵奶油……60g
盐……2g

做法

① 去壳 1000g 的绿豆仁洗净后加水蒸熟，不要蒸太过软烂，刚好粒粒分明即可。

② 蒸好的绿豆仁趁热用调理机打碎后，过筛后静置待凉备用。

提示 **没有放凉的绿豆仁，水分含量过多，就不会有沙沙清爽的口感。**

③ 将②的绿豆沙、细砂糖、海藻糖、色拉油、发酵奶油放入锅内，大火快速拌炒 20~30 分钟，期间用软刮板不时刮拌，直至均匀混合、收干水分。

④ 待③熬煮到刮板拿起后材料不会滴下，即可加入盐快速拌炒即可。

传统风味再进化

枣泥蛋黄酥

馅料配方

总重量 1800g（约 60 颗）

红枣 750g
黑枣 750g
细砂糖、水 .... 适量
生白豆沙 300g
色拉油 120g
细砂糖 200g
海藻糖 100g
麦芽糖 120g

馅料做法

① 红枣、黑枣洗净后去籽去皮，以石磨磨碎。

② 取一容器，放入①并加入适量水、细砂糖，小火熬煮成浓稠的枣泥浆约 1700g 放冷备用。

③ 生白豆沙、细砂糖、海藻糖、色拉油放入锅内，小火熬煮 20~30 分钟。

④ 待③熬煮到刮板拿起后材料不会滴下，即可加入麦芽糖，中小火续煮 15 分钟至水分收干。过程中，仍须不停搅拌以防沾锅焦底。

咸馅也有惊艳的滋味

叉烧蛋黄酥

馅料配方

总重量 1800g（约 60 颗）

猪油 40g
洋葱丁 250g
油葱酥 30g
熟叉烧肉丁 200g
蚝油 25g
排骨高汤块 7.5g
胡麻油 5g
白胡椒 3g
清水 100g
糖 400g
五香粉 2g
米酒 10g
生白豆沙 600g
玉米粉 15g
水 5g

馅料做法

① 熟叉烧肉丁切成 0.5cm 见方后备用。

② 起锅加入猪油后，大火爆香洋葱丁与油葱酥，待洋葱丁微焦。

③ 在②中倒入蚝油、排骨高汤块、胡麻油、白胡椒、清水、糖、五香粉与米酒。

④ 在③中加入①，持续拌炒，直至叉烧肉丁均匀沾附酱汁。

⑤ 将生白豆沙加入④中，中火拌搅至收汁。

⑥ 玉米粉加水调匀后，加入⑤中勾芡，搅拌均匀即可。

在家就能做出的简单馅料

芋泥麻糬酥

馅料配方

总重量 1800g（约 60 颗）

新鲜芋头 1000g
细砂糖 300g
海藻糖 180g
发酵黄油 120g
奶粉 50g

馅料做法

① 新鲜芋头洗净后去皮切滚刀块，蒸熟压碎备用，请小心别蒸得太过软烂。

② 蒸好的芋头、细砂糖、海藻糖放入锅内，小火拌炒 20~30 分钟，期间用软刮板不时刮拌，直至均匀混合，收干水分。

③ 最后加入发酵黄油、奶粉后拌匀即可关火。

每一口都吃得到饱满颗粒

红豆麻糬酥

馅料配方

总重量 1800g（约 60 颗）

高雄九号红豆* 600g
清水 1200g
细砂糖 670g
盐 5g

馅料做法

① 红豆加清水（份量外），淹过红豆，浸泡一夜备用。

② 倒掉浸泡红豆的水后，另加入 600g 清水熬煮去涩，至水滚后倒掉滚水。

③ 将②的红豆加入细砂糖、600g 清水放入锅内，以小火熬煮 30~60 分钟，直至红豆熟透但仍维持粒状。

④ 最后加入盐搅拌均匀即可。

*：可以用普通红豆替代。

满口莲子香气与胶质

白莲蓉麻糬酥

馅料配方

总重量 1800g（约 60 颗）

莲子 600g
细砂糖 450g
海藻糖 150g
色拉油 120g
麦芽糖 100g
花生油 300g

馅料做法

① 莲子加清水（份量外）至淹过莲子，浸泡一夜备用。

提示 莲子要买去壳去嫩皮再去莲心、干燥的白莲子，才能避免有苦味。建议使用湘莲子，取其胶质多的优点。

② 将莲子直接连水煮至水滚后，转小火煮至莲子熟透。

③ 用食物调理机打成莲子浆，只剩些许颗粒的状态。

提示 莲子浆煮好后要立即入锅熬煮，以免结块。

④ 另起锅，倒入③，加入细砂糖、海藻糖、色拉油与花生油，以中火熬煮莲子浆，期间需不断搅拌。

⑤ 待④呈豆沙状后即可加入麦芽糖，直至呈软黏土状即可。

红糖馅

配方

总重量 1800g（约 60 颗）

生红豆沙 1200g
水 1200g
红糖（粉状）.............. 420g
色拉油 240g
海藻糖 80g
麦芽糖 240g
细砂糖 100g

做法

① 红豆加水（份量外）至淹过红豆，浸泡一夜备用。

② 倒掉浸泡红豆的水后，另加入 600g 水熬煮去涩，至水滚后倒掉滚水。

③ 将②的红豆、细砂糖、600g 水、红糖放入锅内，小火熬煮 30~60 分钟，直至红豆熟透。

④ 蒸好的红豆趁热用调理机打碎，过筛去壳，静置待凉备用。

⑤ 另起锅，在④中加入麦芽糖，中小火拌煮 15 分钟至水分收干。

⑥ 最后加入盐搅拌均匀即可。

包馅点心烘焙问答

Q1 为什么有的蛋黄酥表皮会破裂，有的就不会？表面不裂开才是成功吗？

A：如果在面团松弛时没有包覆好，或是涂上蛋液后风干过久，就会导致表皮干裂。另外，如果内馅的蛋黄产生油爆，让蛋黄酥的体积被撑开，油皮油酥也会破裂，导致表皮裂开。但是蛋黄酥的皮裂不裂，并不一定代表成功或失败，重点在于配方的比例，品尝时入口即化即可。

另外，油皮、油酥的配方中有糖，有助于表皮上色较深且饼皮较软，如果不放糖便不易上色，但层次会较酥。本书配方中，用浓缩奶上色的目的，是为了让蛋黄酥的表皮比较亮。

刷纯蛋黄时要刷得均匀，上色才会漂亮，刷完后要风干 10 分钟至光亮，且不粘手；再薄刷一层浓缩奶，再风干，才能入炉烘烤。

油皮不能冷冻，否则会龟裂。油皮面团揉到出筋才有 Q 度。

Q2 做蛋黄酥的油酥时，总觉得面团很干，不像别人做的总是油亮油亮，是酥油放太少吗？

A：做油酥最重要的是比例，本书用的是“粉2：油 1”的比例。粉类可以用低筋面粉或中筋面粉，油则一定要选用纯油、猪油或无水奶油都可以。如果读者是用黄油的话，因为黄油里面有水分，油的比例就必须要再高一点。

Q3 蛋黄酥加内馅进去后，皮会干干的不好密合，该怎么改善？

A：出现这种情况时，多半是因为面团松弛时，保鲜膜没有盖好导致面团干裂，建议要确实盖好保鲜膜，并且练习包内馅的速度快一点。

Q4 为什么蛋黄酥放到隔天皮就不酥了？

A：这时候要注意很可能是蛋黄酥没烤熟，烘焙时要确切遵守书中建议的时间，并且随时注意烤箱状况。

Q5 为什么烤的蛋黄酥馅都会流出来？另外，怎么知道有没有熟？

A：多半是因为蛋黄酥没包好或豆沙馅、蛋黄出油。没包好，只能勤练习，多包几颗；豆沙馅出油，要看制作的过程；蛋黄出油则有可能是烤温过高。想知道是否烤熟，可以拿一颗切开来看看即可。另外，若没有烤熟，很容易出现蛋黄酥放冷后，上端塌馅的情况。

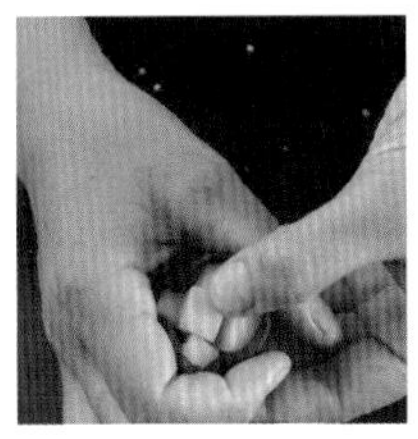

Q6 如果不想用一整颗蛋黄，那么在馅料比例上，可以怎么调整？

A：蛋黄一颗大约是15g，所以可以自行搭配等重的内馅，像是奶酪丁或松子。如果是未烤焙过的松子，建议先以100~120℃烤12分钟左右再包入。如果不想包蛋黄，建议可以包一些熟馅料，例如，坚果类，一定要先烤熟；另外，包肉松也不错。

Q7 没用完的油酥、油皮要如何保存？

A：建议用保鲜袋完整包覆，大约可以冷藏放1~2天。

Q8 为什么我做的蛋黄酥感觉皮糊成一块，没有层次感？

A：没有层次感的原因多半是油酥漏油了，建议捏口要捏紧。另外，油皮、油酥的比例会影响层次感，调整总量时必须按比例增减。猪油则可以用无水奶油代替。而油皮擀平时出现收缩或裂开的现象，是由于松弛不足，或筋性太强，或水分太少。

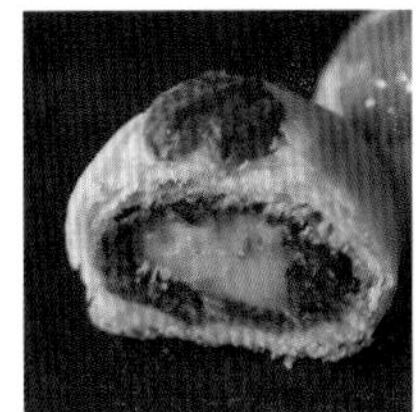

Q9 为什么市售蛋黄酥都有一股香气，但我自己烤的就都不香？

A：在烘烤咸蛋黄时，如果用高温，很容易烤出蛋腥味，建议大家用低温烤焙。

Q10 为什么做油皮时要使用温水，而不能使用冷水？

A：做油皮千万不能用冷水，冷水会导致面团收缩，用温水可以增加面团延展性和Q度，不容易破皮，水温在38~40℃时，延展性最好。另外，可以留一些水方便做调整，因为如果使用高筋面粉与低筋面粉混合来做，用水量会因为面粉的吸水性而有差异。

Q11 烤蛋黄酥的时候，温度和时间要怎么拿捏？

A：如果是有旋风功能的烤箱，烤温可以在180℃；一般烤箱则用190℃。烘烤时间为 20~25分钟。可以先以190℃烤10分钟，烤盘转方向后，再以180℃烘烤10分钟。

Q12 制作咸甜馅料时，有哪些因素的改变容易影响最终的食用效果？

A：制造馅料时，有时考虑到健康因素，会略微调整配方，追求低油、低糖。但糖、油其实是最天然的防腐剂，所以在制作馅料时，如果糖用得不够，馅料容易酸败，保存期限无法长久。例如，月饼类因为重糖重油，所以能久放；如果是自己食用或少量制作，也可以用海藻糖取代，以降低甜度，同时保存期就要缩短。

豆沙类的馅料，如果少了油，口感会比较干，不够滑润，色泽上也不够亮。

熬煮时，如果想要快速制作而用大火，容易一下子就焦掉，时间上也比较不容易掌握。但如果是绿豆沙，为了追求干松的口感，就要使用中大火，使用小火反而会让水有残留，而影响成果。

制造馅料时，如果原材料水分太多就需要更长的熬煮时间，才能收干，但如果煮得过久又容易产生褐变，导致馅料失去色泽，显得不够美味。

Q 13 一般比较容易被大众接受的咸馅口味有哪些？适合用来做什么样的点心、面包？

A：像传统的咖喱、卤肉或是西式的芝士，都是很受消费者欢迎的口味。如果是应用在包子馅料上，就有酸菜馅、叉烧馅。这些内馅在传统大饼、月饼中都很常见。

Q 14 在组合搭配两种口味的材料时，有没有什么原则能让两种材料碰撞出更棒的火花？

A：想要创新口感时，可以将想运用的食材列出来做组合排列，可选择2~3种材料，例如：水果、茶、酒等。水果类，通常会挑酸一点的水果，因为酸味可以带出味道的层次；另外，一般有果肉纤维的水果会比较适合，或是甜的，像杏桃干；西瓜就不适合，因为它的水分偏多。茶类也有很多种，红茶、绿茶、乌龙茶、龙井等，红茶又有阿萨姆、大吉岭、锡兰等。酒类，比较常搭配的大概有白兰地、威士忌、朗姆酒、红酒、白酒等。

搭配时，比较重要的是对食材要够了解，而不是一味地追求特殊独特，这样才能搭配出比较适合的口味。

Q 15 如何拿捏馅料制作或购买的份量？要如何保存，才能随时在冰箱都准备好做点心的馅料？

A：如果是自制馅料，建议要将馅料密封完整，并冷冻保存在零下18℃以下，如此可存放半年以上。建议不放冷藏，如果是内含淀粉的馅料会因此容易老化、变质。

存放时一定要确认容器是干净无水的，如果不是，容易导致馅料酸败。另外，也建议不要反复冷冻，以免油水分离变质，在冷冻前，可以先依每次使用的份量分包封装。

Q 16 亚洲点心的馅料口味和西洋点心的有什么不同？分别是哪些口味？

A：欧美的点心大多是以新鲜水果搭配芝士或是卡士达酱；亚洲则是采用红豆泥、乌豆沙、抹茶或是当地生产的水果。

Q17 最近对馅料的咸甜点心的喜好有什么趋势？

A：最近比较流行爆浆类，内馅够多，咬下去会流出来的，咸甜都有。不过在馅料口味上比较反朴归真，纯朴一点，不会在一种内馅内添加太多种口味。如果要列出馅料的四大天王的话，最受欢迎的还是红豆馅、菠萝（凤梨酥）、乌豆沙（甜馅饼、豆沙包、蛋黄酥）、绿豆沙。

Q18 塔和派有甚么不同？

A：一般来说，所谓的甜塔和咸塔是指奶油、面粉、糖和蛋等食材充分混合均匀而成的；派则是做出层次感。派共有两种做法：英式派，黄油切粒状跟面粉混合后加液体材料；另一种则是法式派，是做好派皮后加入黄油片，做三折三或三折六的层次感。

Q19 有没有什么咸派的口味是老师觉得特别的？

A：本书中的麻婆豆腐咸派和咸猪肉咸派都很符合大众口味，有兴趣的人可以照着本书的配方做做看。

Q20 烤凤梨酥的时间和烤箱温度如何设定会比较好？

A：因为市面上的烤箱种类繁多，建议大家在开始学习烘焙后，要尽快熟悉自家烤箱，找出属于自家烤箱的时间、温度调整模式。配方不同、重量不同，烤焙的时间也不一样。一般来说，凤梨酥等奶油酥皮的点心，烘烤温度多半是170~180℃。温度太高，外皮容易裂；温度太低，烘烤时间拖得长，外皮就会显得较干。烘烤时间是看外皮决定，并非看馅料决定。举例来说，30g的外皮多半会烤约25分钟，但若是薄皮凤梨酥，可能约20分钟就可以烤好。

Q21 凤梨酥烤焙时会出油，是什么原因呢？烘焙时一定要使用烤焙纸吗？

A：出现烤焙后出油的现象，多半是制作时搅拌过度或是温度太高。在烤盘垫上烤焙纸，可以防止外皮沾粘在烤盘上，因此烤焙时，一定要使用烤焙纸，以免功亏一篑。

Q22 凤梨酥烤完一面很平整，一面凹凸不平，是什么原因呢？

A：这是因为在烤焙的时候，没有分两次翻面烤焙。一般来说，凤梨酥会先烤焙15~20分钟后，翻面再烤15~20分钟，就能避免有一面不平整的问题。

Q23 凤梨酥外皮成色不太漂亮，问题是出在哪里？

A：一般出现这样的问题，多半是因为减糖，因为外皮的配方中糖量减少，成品就不容易上色。另外，也可能是烤箱温度太低所导致。

Q24 凤梨馅会黏、不好分割怎么办？

A：凤梨馅会粘手或器具时，建议放在冰箱冷藏一段时间，再取出操作，就不会那么粘手。

Q25 除了凤梨和冬瓜馅以外，还有哪些内馅适合包到奶油酥皮内？

A：其实，这类奶油酥皮适合各式各样创新、传统的馅料，馅料是乌豆沙、水果馅、抹茶馅均可。中央可以包蛋黄、奶酪丁、肉松，素食主义者也可以放麻糬丁。

另外，很多人喜欢土凤梨馅，主要是因为喜爱它的口感，但若是使用金钻凤梨，虽然纤维质较少，但吃起来仍然多少有纤维质的口感。若喜爱吃滑顺口感的凤梨酥，则建议用传统凤梨酱。有兴趣的人，也可以自己用不同种的凤梨酱调制最喜爱的口感，例如可以用一般凤梨酱：土凤梨酱 =7 ：3 的比例。

图书在版编目（CIP）数据

黄金比例馅料点心 / 吕升达著. —福州：福建科学技术出版社，2018.9
ISBN 978-7-5335-5620-4

Ⅰ.①黄⋯ Ⅱ.①吕⋯ Ⅲ.①糕点－制作 Ⅳ.①TS213.2

中国版本图书馆CIP数据核字（2018）第089342号

书　　名　黄金比例馅料点心
著　　者　吕升达
出版发行　福建科学技术出版社
社　　址　福州市东水路76号（邮编350001）
网　　址　www.fjstp.com
经　　销　福建新华发行（集团）有限责任公司
印　　刷　福建地质印刷厂
开　　本　787毫米×1092毫米　1/16
印　　张　17
图　　文　272码
版　　次　2018年9月第1版
印　　次　2018年9月第1次印刷
书　　号　ISBN 978-7-5335-5620-4
定　　价　72.00元
书中如有印装质量问题，可直接向本社调换